獨門
絕學

招牌拉麵
技術教本

人氣夯店的製備工作 ・ 味道構成 ・ 思考模式

瑞昇文化

閱讀本書之前

烹調方式說明中的加熱時間、加熱方法皆依各店家所使用的烹調設備為準。

部分材料名、器具名為各店家慣用的使用名稱。

書中部分內容引用自旭屋出版MOOK的《ラーメン繁盛法》（2018年8月初版）和《ラーメン繁盛法第2集》（2019年8月初版）。

書中記載的各店烹調方式為取材當時的所得資訊。P118～P151為2018年4月～7月的取材內容，其餘為2019年3月～10月的取材內容。

店家不斷精進烹調方式與使用材料，書中內容僅為店家進化過程中某個時期的烹調方式與思考模式，這一點還請大家見諒。

書中的拉麵、沾麵、拌麵等價格、盛裝方式、器具等，以及各店家地址、電話號碼、營業時間、公休日皆為2019年10月當時的最新資訊。未特別標明者（不含稅）皆為含稅價。

麺処 秋もと

■ 地址：神奈川県横浜市青葉区市ヶ尾町 1157-1 東急ドエル市ヶ尾アネックスビル 1F
■ 電話：045-972-0355
■ 營業時間：12 時〜 15 時、18 時 30 分〜 22 時
■ 公休日：星期一、第 1・3 週的星期二 ※ 星期四僅白天營業

■ 特製醬油拉麺 1150日圓

以鰹魚本枯節打造高尚鮮味，以柴魚片裸節打造震撼味蕾的清湯拉麵。湯頭主角是雞，輔以魚乾和昆布來增添鮮味，味道比外觀來得強烈。配料包含 2 顆特製蝦餛飩、烤箱燉豬肉、半熟雞胸叉燒肉、溏心蛋。

■ 鹽味拉麵 850日圓

麵體部分有細麵和粗麵供客人自行選擇，這裡特別推薦低含水的細麵。店裡使用全麥麵粉製作麵條，不僅口感脆，而且容易吸附湯汁。鹽味醬汁中加入番茄乾以增添鮮味和酸味，由於鹹味稍被掩蓋，另外添加礦物質含量多的藻鹽以增強鹽味。頂端擺放醃紅椒和生薑切絲作為點綴。

■ 鰹魚醬油沾麵 900日圓

這道沾麵充滿濃郁的鰹魚香氣。使用和拉麵相同的醬油醬汁,再加上
砂糖、醋、蒜泥、風味油、鰹魚油、鰹魚粉、洋蔥酥等調製成沾醬。
另外以太白粉勾芡,讓沾醬更具分量。盛裝麵體時,先在碗裡倒入一
些充滿魚乾風味的昆布水,有助於襯托沾醬的鮮味。

湯頭

湯頭的主體是雞，搭配鰹魚本枯節的濃郁香味、飛魚乾的甘甜、日本鰮魚乾的鹹味和根昆布的獨特香氣，追求均衡又和諧的味道。但主角畢竟是鰹魚，最後再加入油脂較多的柴魚片。熬煮湯頭的食材具一致性，追求湯頭味道的單純化。另外，叉燒肉也特地以魚貝湯熬煮。湯頭置於冷藏室一晚，味道會更融合，因此煮好的湯頭通常會於隔天再使用。

【 材料 】

全雞（蛋雞）、雞骨、羅臼鬼昆布、根昆布、乾香菇、日本鰮魚乾、豬五花肉（叉燒肉）、3種鯖節（屋久鯖魚本枯節、枕崎產本枯節、枕崎產裸節）、鰹魚本枯節、2種飛魚乾（境港市產、外國產）、雞脂、柴魚片裸節、π水

1 將全雞和雞骨浸泡在水裡一晚，解凍備用。

2 羅臼鬼昆布、根昆布、乾香菇、日本鰮魚乾等泡水靜置一晚出汁。靜置前先加熱至沸騰前，出汁高湯更有香氣。事先將根昆布和乾香菇裝在棉布袋裡，方便之後熬煮過程中取出。

精心熬煮鰹魚清湯。5.9坪7席空間，1天賣出150碗

老闆秋本博樹先生曾在家系拉麵以外的各類型拉麵店修業，累積了相當豐富的經驗。活用各家拉麵店磨練而來的經驗和實力，烹調出簡單但極具個性，以鰹魚為主軸的清湯拉麵。店裡只有吧臺7個座位，但平日可以賣出130～150碗拉麵。每週日和10月～4月的每週三是「味噌日」，當天甚至可以賣出高達150～170碗。

▶『秋もと』的湯頭製作流程

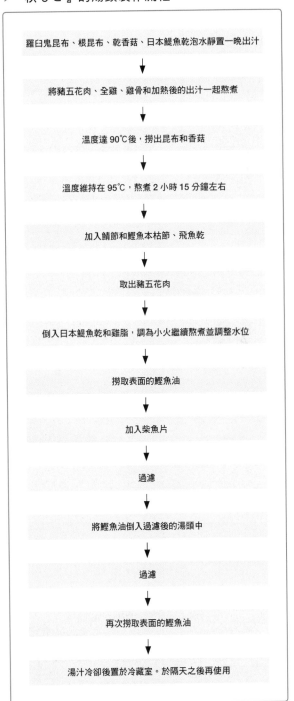

羅臼鬼昆布、根昆布、乾香菇、日本鰮魚乾泡水靜置一晚出汁
↓
將豬五花肉、全雞、雞骨和加熱後的出汁一起熬煮
↓
溫度達90℃後，撈出昆布和香菇
↓
溫度維持在95℃，熬煮2小時15分鐘左右
↓
加入鯖節和鰹魚本枯節、飛魚乾
↓
取出豬五花肉
↓
倒入日本鰮魚乾和雞脂，調為小火繼續熬煮並調整水位
↓
撈取表面的鰹魚油
↓
加入柴魚片
↓
過濾
↓
將鰹魚油倒入過濾後的湯頭中
↓
過濾
↓
再次撈取表面的鰹魚油
↓
湯汁冷卻後置於冷藏室。於隔天之後再使用

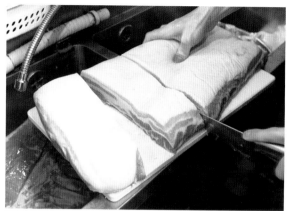

5 將叉燒肉用的豬五花肉切成8cm寬。

6 豬五花肉、全雞、雞骨放入裝好水的深鍋中。豬五花肉容易浮
上水面，所以優先置於深鍋底部。取出豬五花肉之前都不要再
翻動。

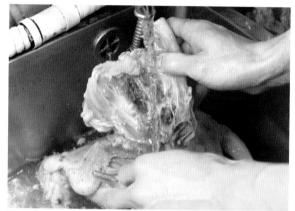

3 用清水洗淨雞骨，並將內臟清除乾淨。

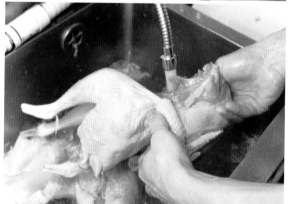

4 為了快速釋出雞的美味，先在雞腿部劃一刀。身體內部也用流
動清水輕輕洗淨。

10 2小時15分鐘後，加入屋久鯖魚本枯節以外的鯖節和鰹魚本枯節、2種飛魚乾。為了讓豬五花叉燒肉也充滿魚貝風味，湯裡先放入2種鯖節（枕崎產本枯節和枕崎產裸節），之後再放入2種飛魚乾和屋久鯖魚本枯節。屋久鯖魚本枯節最後再放，不要浸泡在湯裡，也不要攪拌，直接以小火熬煮。

11 豬五花肉煮到軟爛後取出。取出豬五花肉後，再將屋久鯖魚本枯節浸泡至湯裡。

12 再次加入日本鯷魚乾和雞脂，調為小火繼續熬煮。加水以調整水位。

7 將出汁高湯的 ② 和 ⑥ 一起放入深鍋裡。

8 蓋上鍋蓋開大火加熱。沸騰後掀開鍋蓋，溫度達90℃時，撈出昆布和乾香菇，並且撈除表面浮渣。

9 溫度維持在95℃，繼續熬煮2小時15分鐘左右。

16 撈出深鍋中的食材後,將[13]撈取的鰹魚油倒入深鍋裡。

17 再過濾一次。

13 溫度維持在90℃,繼續熬煮1小時30分鐘左右,撈取表面清澈的鰹魚油。

14 倒入柴魚片,繼續熬煮2小時。注意溫度維持在90℃。

15 使用篩網和錐形篩撈出湯裡的食材。輕壓篩網中的柴魚節以榨取更多美味湯頭。

叉燒肉

主要的叉燒肉為豬五花肉，先用湯頭熬煮，再醃漬於專
用醬汁裡，放入烤箱烤成日式燉肉。烘烤的目的除了增
加叉燒肉的香氣，也為了讓醬汁更容易滲透入味。醬汁
每天加熱沸騰一次，保存在常溫下也沒有問題。醃漬醬
中有白雙糖，味道既有深度又濃郁。店裡另外備有長時
間低溫烹調後再放入烤箱烘烤的半熟雞胸肉、用吊掛方
式燻烤的豬肩胛肉，各自用於不同品項的特製拉麵。

【 材料 】

豬五花肉、叉燒肉老滷汁（濃味醬油、味醂、三溫糖、日本
國產丸大豆醬油、白雙糖、生薑）

18 過濾好之後，再從表面撈取清澈的鰹魚油。將鰹魚油置於冰塊上冷卻。

1 為了不讓油滲透至肉裡，事先撈除叉燒肉醬汁上的浮油。

2 開大火加熱至沸騰，加入濃味醬油、味醂、三溫糖、日本國產丸大豆醬油、白雙糖、生薑。生薑事先切片並冷凍保存。濃味醬油、味醂、三溫糖事先混拌均勻可以加速烹調作業。

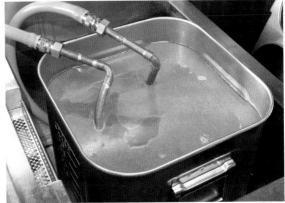

19 取冷卻銅管置於裝有湯頭的深鍋裡，銅管中冷水通過讓湯頭迅速冷卻。冷卻後放入冷藏室。

3 沸騰後調為小火，繼續熬煮10分鐘左右。熬煮過程中隨時撈除表面浮渣。

5 肉塊醃漬3個半小時後取出，放入預熱250℃的烤箱中烤7～8分鐘至上色。

6 使用瓦斯噴槍調整烤色。

7 稍微放涼後，用保鮮膜捲起來（捲2層）並放入冷藏室，放進冷藏室時，脂肪部分朝上。豬五花肉冷了以後比較好切，建議隔天再使用。隔天使用時，先用深鍋中的熱湯加熱一下。

4 將熱湯中取出的11豬五花肉直接浸泡在叉燒肉醬汁中。將肉放進醬汁中時，脂肪面朝下，依序往上堆疊。

3 適度攪拌，讓洋蔥均勻上色。留意鍋緣處容易燒焦。油量減少時，適度添加白絞油以避免顏色不均勻。

4 出現香味且外緣顏色變深時調為小火。

5 整體變褐色後，將洋蔥撈出來。

6 將長蔥倒入⑤的油裡面，調為中火。外緣開始變色時再調為小火。適度攪拌以避免顏色不均勻。

風味油

洋蔥、長蔥、蒜頭和生薑的特殊香氣，搭配鳳梨和蘋果的酸甜味，店裡使用的風味油充滿豐富的香氣與口感，通常還會另外搭配鰹魚油一起使用。舉例來說，一碗醬油拉麵有300㎖的湯，會使用30㎖醬汁、20㎖鰹魚油和10㎖的風味油。雖然總油量高達30㎖，但大量蔬菜和水果會幫忙吸附油脂。大蒜容易吸油，烹調過程中最好等油確實熱了以後再放入大蒜。另外也要留意含水量少的長蔥容易燒焦。

【 材料 】

白絞油、洋蔥、長蔥、大蒜、蘋果、鳳梨（罐裝）、薑泥、韓國辣椒粉（粗顆粒）等

1 將洋蔥、長蔥、大蒜切粗粒。蘋果削皮去芯後切碎。鳳梨也切碎備用。先將薑泥和韓國辣椒粉混拌在一起。

2 將洋蔥倒入裝有白絞油的鍋裡，油炸20～30分鐘至褐色。洋蔥開始變色時調為小火，以聽得到油炸聲為準。

大約20分鐘後，撈出長蔥。繼續使用同一鍋油，倒入切碎的蘋果，以大火油炸。

7 大約20分鐘後，撈出長蔥。繼續使用同一鍋油，倒入切碎的蘋果，以大火油炸。

9 將油炸蘋果和鳳梨的熱油倒入先前混拌好的薑泥和韓國辣椒粉中。

10 在鍋裡添加新的白絞油。油熱了以後加入切碎的蒜頭，以小火油炸至褐色。

11 將油炸蒜頭的熱油倒入 ⑨ 裡。

8 大約5分鐘後加入鳳梨，炸至整體呈褐色。

麵體

依菜單使用3種不同粗細的麵條。醬油拉麵的麵體為14號麵刀（2.14mm麵寬）切條的寬麵，口感滑溜順口，煮麵時間約3分40秒。鹽味拉麵的麵體為18號麵刀（1.67mm麵寬）切條的麵條，含水率低，口感較為清脆，煮麵時間約1分10秒。這兩種拉麵所使用的麵條也可以依個人喜好改為粗麵。沾麵的麵體則為14號麵刀（2.14mm麵寬）切條的手揉寬麵。為了讓客人有咻～～一口吸進嘴裡的感覺，麵條比較長。煮麵時間約3分30秒。

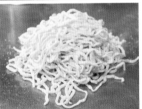

12 將油炸過的洋蔥和長蔥、蒜頭混拌在一起，然後倒入11中。

13 添加新的白絞油，充分混拌在一起。

2 慈菇切粗粒，洋蔥切末備用。生薑切細切碎，加入調味料攪拌均勻。

3 將背脂和雞絞肉混合在一起，攪拌至有黏性。

4 將切好的生薑、洋蔥和慈菇倒入③餡料中一起拌勻。

餛飩

餛飩為特製配料，1碗有2顆，也可以另外單點，1份有3顆，售價200日圓。店裡1天平均可以賣出100顆左右。餛飩的主角是蝦子，過去曾經將蝦子剁成泥，但為了口感而改為現在的大小，不要剁得太碎，才看得到蝦肉。將蝦肉和其他餡料攪拌在一起之前，撒一些太白粉，有助於增添蝦子的Q彈咬感。餡料中的雞絞肉負責增添濃郁美味，所以使用帶有脂肪的雞腿肉。另外，背脂可以突顯肉汁的香甜，讓餛飩餡料充滿香氣又多汁。

─────【 材料 】─────

去殼蝦、精鹽、太白粉、慈菇、洋蔥、生薑、背脂、絞肉、雞絞肉（雞腿肉）、日本國產丸大豆醬油、蠔油。紹興酒、白胡椒、三溫糖等

─────────────────

1 將去殼蝦對半切，撒上精鹽和太白粉。

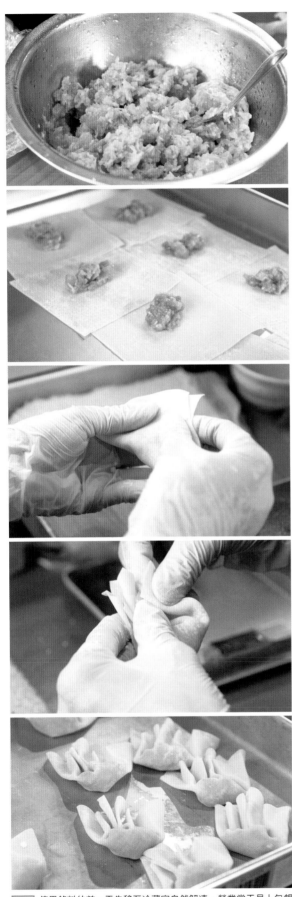

5 將①的蝦子和④的餡料混合在一起，加入調味料攪拌均勻。

6 靜置於冷藏室1天後再用保鮮膜包好置於冷凍庫保存。

7 使用餡料的前一天先移至冷藏室自然解凍，營業當天早上包餛飩時，數量夠用就好。1顆餛飩大約6～8g，餛飩皮上摺出三角形皺褶。

RAMEN 渦雷
うず らい

■ 地址：神奈川県藤沢市辻堂新町 1-9-7
■ 電話：0466-33-5385
■ 營業時間：11 時 30 分～14 時 30 分、18 時 30 分～21 時
■ 公休日：星期日

■ 醬油拉麵（所有配料都有）　1100日圓

以鮮味強烈的「黑薩摩雞」高湯為主，搭配魚貝高湯，追求海鮮與雞肉之間的和諧美味。盡可能讓湯頭的味道單純一點，才能突顯食材的美味。為了避免醬油風味過於強烈，相較於「鹽味拉麵」會多使用一些雞油。熬煮筍乾和溏心蛋的「一次高湯」是使用乾製鮭魚和羅臼昆布熬煮而成。多數拉麵店都用鰹魚高湯熬煮配料，但渦雷刻意使用乾製鮭魚，為的是追求不同於其他拉麵店的獨特鮮味。

■ 鹽味拉麵 850日圓

小米果雪霰漂浮在湯表面，一道外觀也十分賞心悅目的拉麵。相較於味道單純的「醬油拉麵」，「鹽味拉麵」的目標是打造豐富的味道。雖然使用相同的湯頭，但以蛤蜊高湯為基底，搭配活用各種食材鮮味的鹽味醬汁，完美打造令人印象深刻的獨特鹽味拉麵。為了增加口感與美觀，將九条蔥切成細絲，並且於清洗後才使用，既可避免乾燥，也可以保持鮮綠。

■ 雷拉麵 1000日圓

除了「醬油拉麵」的醬油醬汁外，另外搭配使用味噌、豆瓣醬、辣椒等調製而成的"雷醬汁"。雷拉麵使用的醬汁量比較多，為了避免整體溫度下降，先用單手鍋加熱湯頭和九条蔥根部後再倒入碗裡。最後添加一些紅花椒和青花椒調製的"食用辣油"以強調香辛感。帶有甜辣味的味噌肉醬也藏有麻痺味覺的美味。最後擺上檸檬片增加酸味，讓湯頭更具畫龍點睛之妙。

昆布高湯

1 將羅臼昆布浸泡在RO逆滲透水中一晚。

2 加熱至60℃。溫度達60℃後關火，以恆溫調理器控管溫度約1小時。

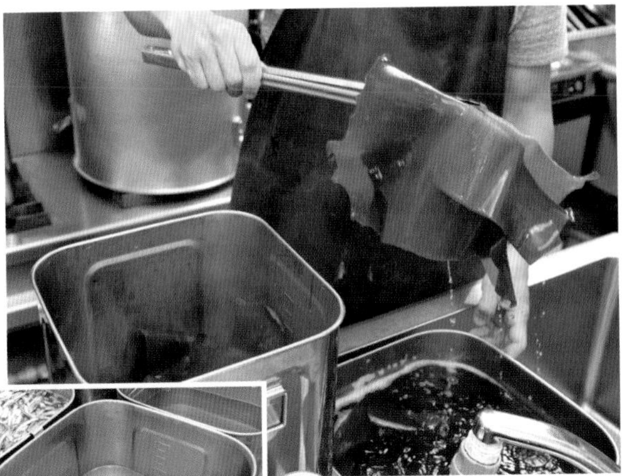

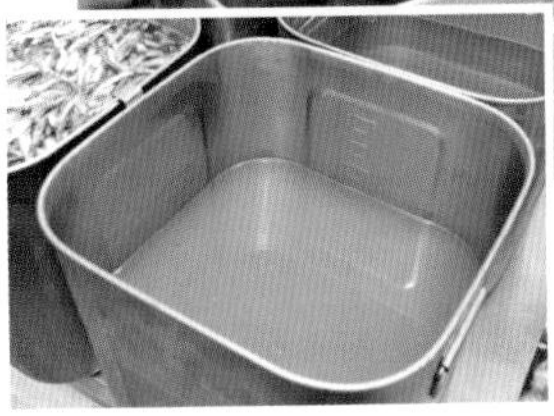

3 1小時後，鮮味達到頂點時取出羅臼昆布。以流動的水冷卻裝有昆布高湯的鍋子。最後置於冷藏室一晚。

神奈川縣外也有許多忠實粉絲
精心烹調的無化學調味料拉麵

神奈川縣的代表性人氣夯店之一，用心烹調的拉麵深受好評。雖然只有雞高湯和魚貝高湯的單一組合，但透過調整醬汁和油的比例，就能打造出6種完全不同的招牌拉麵。不少客人來自外縣市，基於「專程跑了這一趟」，不少人都會指定來一碗4片叉燒肉、2倍筍乾、溏心蛋、3片海苔的“所有配料都有”拉麵。平均客單價約為1,050日圓。

魚貝湯

熬出最濃郁鮮味的溫度會因食材而異，所以要慢慢搭配，慢慢嘗試。魚乾高湯以竹筴魚乾高湯為主，用烤箱烤過後靜置出汁，有助於減少獨特的腥味並增強鮮味。

【 材料 】

天然二等羅臼昆布、冷凍蛤蜊、鯖魚厚切節、鰹魚本枯節、日本鯷魚乾、竹筴魚乾、秋刀魚乾、米醋（千鳥醋）、RO逆滲透水

▶『渦雷』的湯頭製作流程

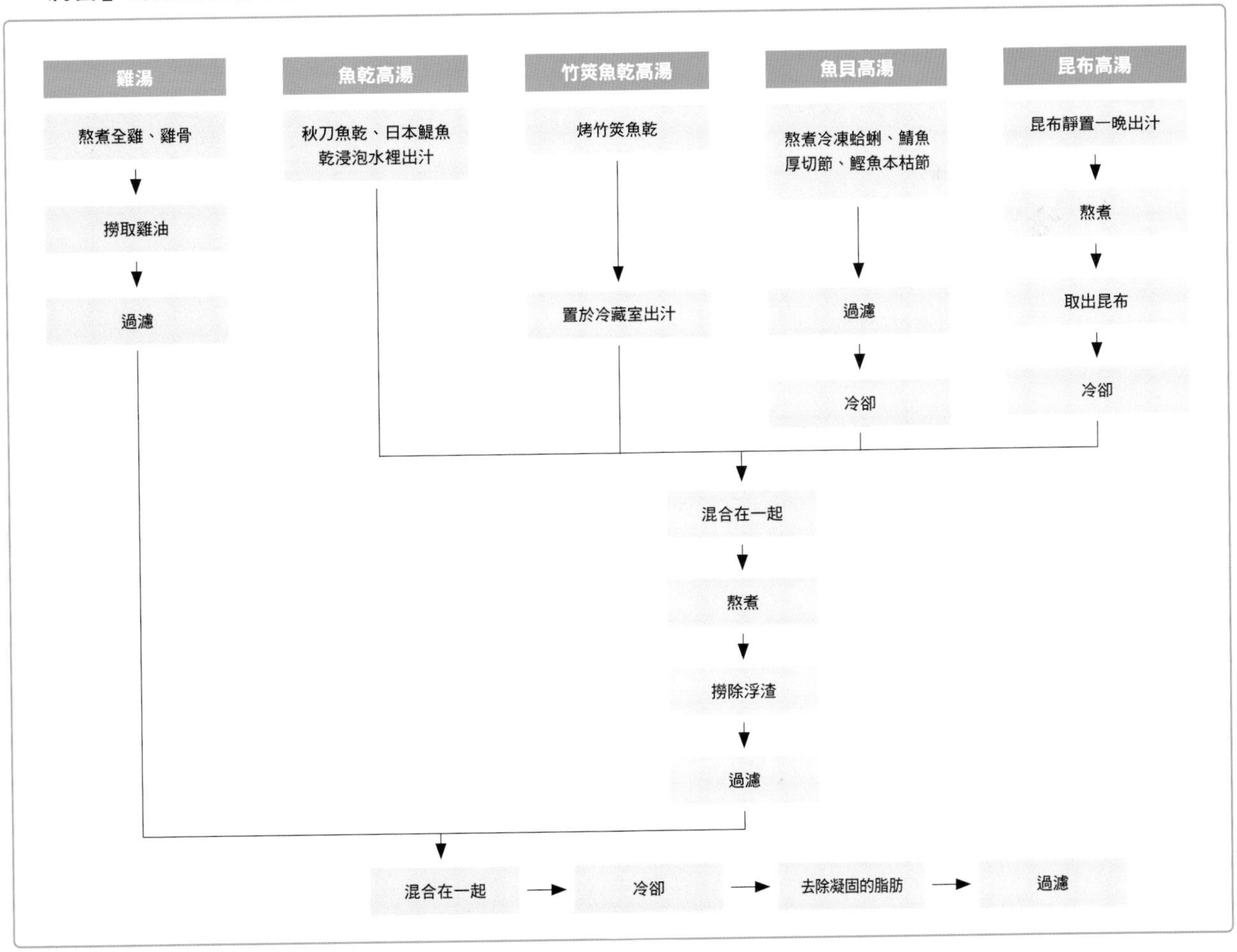

竹筴魚乾高湯

1 將竹筴魚乾放進預熱150℃的烤箱中烤30分鐘。

2 將烤過的竹筴魚乾放入RO水中，置於冷藏室一晚出汁。

魚貝高湯

1 將冷凍蛤蜊和鯖魚厚切節、鰹魚本枯節放入沸騰的RO水中加熱。沸騰後將溫度維持在85℃，繼續熬煮1小時30分鐘後，高湯就完成了。

2 大約1小時後，當鮮味達到頂點時就可以關火並過濾。以流動的水冷卻裝有魚貝高湯的鍋子。然後置於冷藏室一晚。

| 完成魚貝湯 | 魚乾高湯 |

──────【 材料 】──────

昆布高湯、魚貝高湯、竹筴魚乾高湯、魚乾高湯

1 將昆布高湯和魚貝高湯倒入深鍋裡，出汁後的竹筴魚乾、日本鯷魚乾和秋刀魚乾也倒進去。

2 以中小火熬煮5小時，隨時視情況調小火侯。將第一次出現的浮渣撈除乾淨。

3 5小時後關火。用篩網和漏盆慢慢過濾。擠壓魚乾會導致內臟的苦味跑出來，過濾時務必小心。

將小魚乾和日本鯷魚乾放入加了米醋的RO水中，置於冷藏室一晚出汁。

2 將帶頸雞骨浸泡在水裡以去除血水。雞肺有臭腥味，務必清除乾淨。而雞肝是鮮味的來源，務必保留下來。

3 準備工作完成後，將帶頸雞骨和雞脂、RO 水倒入①的深鍋中。將帶頸雞骨倒入鍋子之前，先折斷脖子部位，這樣骨髓比較容易融入湯裡。以大火加熱，沸騰後調整火侯使溫度維持在 95℃，熬煮 5 個小時。基本上不撈除浮渣。

雞湯

使用放養雞是因為鮮味濃郁且營養價值高，其中黑薩摩雞的鮮味更是強烈。除了全雞外，雞骨也能增強鮮味。另外，雞肝有濃郁鮮味，務必保留下來，只要清除雞肺就好。將黑薩摩雞的雞脂和湯頭一起熬煮，不僅能濃縮出濃郁的雞油，還能提升湯頭本身的鮮味。

———————【 材料 】———————

全雞（黑薩摩雞）、帶頸雞骨（黑薩摩雞）、雞脂（黑薩摩雞）、RO逆滲透水

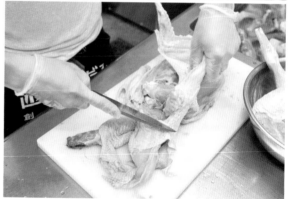

1 全雞扒開，分成雞腳、雞翅、雞里肌、雞胸肉，然後放進深鍋裡。

完成營業用高湯

【 材料 】

魚貝湯、雞湯

1 將過濾好的魚貝湯③和雞湯⑤按2：1的比例混合在一起。

2 整鍋湯置於冷水上冷卻。冷了之後移至冷藏室保存一晚。湯表面因冷卻而凝固的油脂會氧化，隔天使用時務必將油脂撈乾淨。

3 使用錐形篩過濾，小油渣也要確實撈除。盛裝湯頭的鍋子若太大會造成處理上的困難，這時候可以將湯移至營業用的10公升容器中。

4 為了避免湯頭變質，維持在冰冷不加熱的狀態，有客人點餐時，再舀取所需要的分量至單手鍋中加熱使用。

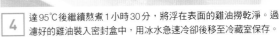

4 達95℃後繼續熬煮1小時30分，將浮在表面的雞油撈乾淨。過濾好的雞油裝入密封盒中，用冰水急速冷卻後移至冷藏室保存。

5 熬煮5小時後關火。為了避免整鍋湯混濁，小心取出雞骨並過濾深鍋中的雞湯。

4 另外取塑膠袋裝好已冷卻的叉燒肉用醬油醬汁備用，將剛煮好的叉燒肉放進這些塑膠袋裡。置於冰水上放涼。

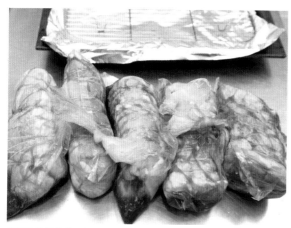

5 叉燒肉冷卻後，浸泡在叉燒肉用的醬油醬汁中。置於冷藏室一晚。

6 隔天將冷藏室中取出的叉燒肉放進預熱300℃的烤箱中烤5分鐘。5分鐘後上下翻面，再烤5分鐘。稍微放涼，然後拆掉線後就可以使用了。

叉燒肉

低溫烹調時，只要確實掌握火侯，容易變硬的豬腿肉也能烹煮得軟嫩可口。在叉燒肉表面塗抹砂糖，有助於鎖住肉汁。而塗抹粗鹽是為了破壞肌纖維，讓肉質更柔軟。放入烤箱中烘烤一下，不僅美觀也增添香氣。店內店外洋溢著撲鼻"香氣"，這可是比任何廣告都來得有效。

────────【 材料 】────────

豬腿肉（岩手ARICE豬肉）、三溫糖、粗鹽、叉燒肉用醬油醬汁（濃味醬油、味醂、三溫糖、料理酒）

1 用線將豬腿肉綑綁成型。在表面塗抹三溫糖，接著抹上粗鹽。蓋上廚房紙巾以避免乾燥，然後置於冷藏室一晚。

2 將豬腿肉放進塑膠袋裡，並在水中將塑膠袋內的空氣擠出來，使其呈真空狀態。

3 將豬腿肉放進裝湯的鍋子裡，蓋上保溫用的保鮮膜。進行溫度控管以低溫方式烹調。

3 第2次壓延時間為5分鐘。壓延後的麵團溫度若未達26℃，就再次進行壓延處理，利用摩擦生熱以提高麵團溫度。

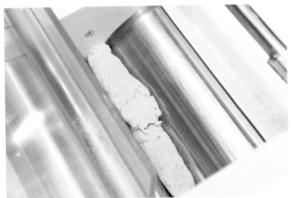

4 肉鬆狀的麵團容易從兩根輥筒之間掉落，所以先將麵團揉成棒狀，再放入輥筒間製成麵帶。

5 壓延成3mm厚度的粗麵帶。

細麵

「醬油拉麵」和「鹽味拉麵」的麵體為22號麵刀（1.36mm麵寬）切條的角狀直麵。這款麵條共使用6種麵粉，「春豐」主掌麵條的味道、「春戀」負責香氣、「春煌」負責彈牙感、「KAORIHONOKA」負責滑順口感、「夢之力」負責咬勁、「春戀（全麥麵粉）」則兼具味道、香氣和營養成分。目標是製作出光滑順口且具Q彈的麵條。加水率35％，依當時的濕度增減1％。煮麵時間約1分50秒。

──────【 材料 】──────

春豐（高筋麵粉）、春戀（高筋麵粉）、春煌（高筋麵粉）、KAORIHONOKA（中筋麵粉）、夢之力（特高筋麵粉）、春戀（全麥麵粉）、粉末鹼水、RO逆滲透水、粗鹽、蛋黃、生雞蛋、玉米澱粉（手粉）

1 將粉末鹼水和RO逆滲透水、粗鹽、蛋黃、生雞蛋充分拌勻。配合當天麵粉的溫度，於必要時加熱處理。

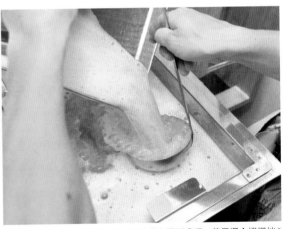

2 將6種麵粉和①混合在一起後進行壓延處理。使用混合機攪拌3分鐘後，打開蓋子並將沾附在四周的麵粉清除乾淨。

9 撒上玉米澱粉（手粉），再次進行壓延處理，製作成 2.84 mm 厚度的麵帶。

10 再次撒上手粉，進行壓延處理。這次將麵帶厚度設定為 1.84 mm。

11 接著是切條處理。麵條最終厚度為 1.3 mm。將麵條置於冷藏室 1 晚後再使用。

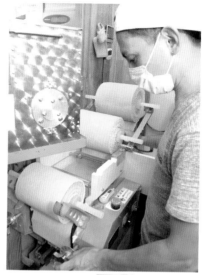

6 加大輥距，進一步進行數次的複合處理。第一次複合時將麵帶壓成 3.48 mm 的厚度，第二次複合則調整為 4 mm。

7 為了避免乾燥，用塑膠袋套住麵帶，夏季靜置 30 分鐘，冬季靜置 45 分鐘「醒麵」。

8 為了使麵帶的色澤一致，靜置 30 分鐘後（冬季 45 分鐘），將麵帶上下翻轉，再次靜置 30 分鐘（冬季 45 分鐘）醒麵。

ラーメン屋 きまぐれ八兵衛

- ■地址：長野県安曇野市豊科南穂高 271-14
- ■電話：0263-73-0408
- ■營業時間：11 時 30 分〜 15 時、17 時 30 分〜 23 時（22 時 45 分 LO）
- ■公休日：星期二、每月第一個星期三・四

■ 本白味拉麵 680日圓

活用回籠湯技法烹調的長濱拉麵。以豬頭為主所熬煮的奶油色拉麵，湯頭相當濃郁且口感佳，去除獨特腥味後，吃起來更順口。碗裡先放入湯底、豬油和醬油醬汁，最後再擺上以同樣醬油醬汁調味的黑木耳、青蔥，以及 2 片薄切叉燒肉。麵體部分，使用以高筋麵粉為主的特殊配方麵粉製成麵條，好咬且具有嚼勁。

■ 本黑味拉麵 730日圓

將「本白味拉麵」中的豬油改成麻油，色香味更具衝擊性。使用各種大蒜爆香程度不同的麻油混合在一起，湯頭更具深度醇厚的味道。為了配合香濃湯頭，特地使用帶有硬度的極細麵，一碗的麵體約100g，加水率27～28%，使用26號麵刀（1.15mm麵寬）切條的圓形麵。低加水麵條容易感受到小麥的風味，所以鹼水用量比較少。點餐時可以選擇麵條的硬度，超硬（煮麵時間10秒）、偏硬（20秒）、普通（30秒）、偏軟（50秒）、超軟（1分20秒）。

■ 沾麵（大） 940日圓

使用和長濱拉麵一樣的豚骨湯頭和醬油醬汁，加上醋、白砂糖、芝麻油、純辣椒粉、芝麻粉、青蔥、白髮蔥，打造與眾不同的特殊美味。不使用近來流行的古溜麵條，而是家系豚骨醬油拉麵所使用的具有咬勁的的麵條。15號麵刀（2.00㎜麵寬）切製的帶有小波浪的寬麵，加水率36%，煮麵時間約6分鐘。正常分量的麵體約225g，另外也提供375g的大碗拉麵。店裡的清湯和沾醬一樣都使用豚骨湯頭調製而成。

豚骨湯頭

過去在正式熬煮湯頭之前會先進行食材的去血水和汆燙等事前準備，但因為費事又費時，再加上第一鍋湯頭往往過於濃郁而棄之不用，因此現在已經捨棄這種作法。另外，先將生豬頭骨、豬前腿骨直接放入沸騰熱水中，讓骨頭裡的血汙和雜質浮出，再透過蒸煮方式讓血液凝固，完成這個步驟後再真正開始熬煮湯頭。每天放入一次新的豬骨，豬頭骨和豬前腿骨則需要2天時間才能熬出鮮味。除了豬腦和脊髓外，骨頭本身也會出汁，所以使用體型較小且容易煮軟的本土豬骨。

────────【 材料 】────────

豬頭骨、豬前腿骨、水

將正統長濱豚骨拉麵推廣至信州地區的先鋒

「ラーメン屋 きまぐれ八兵衛」開業至今已有15年，目前仍維持平日賣出300碗、假日賣出400碗的佳績，是一間相當受歡迎的拉麵店。當初基於「東京有許多拉麵專門店，但小地方拉麵店少，所以應該要多增加幾種選擇性」的想法，而開始提供以招牌長濱豚骨為首的家系醬油拉麵、二郎系拉麵、背脂系拉麵、一般豚骨拉麵等多樣化菜色。湯頭有長濱豚骨用、家系用和輕豚骨用3種。醬汁和油脂會混搭，但湯頭不會互相摻在一起使用。由於烹調作業繁瑣且熬煮豚骨湯頭費時又費力，因此近年來開始實施 "烹調作業改革方案"。像是不事先進行汆燙和去血水作業，改以 "蒸煮" 骨頭的方式來取代，不僅省事又省時，還有助於提升湯頭的鮮味。

▶『きまぐれ八兵衛』的湯頭製作流程

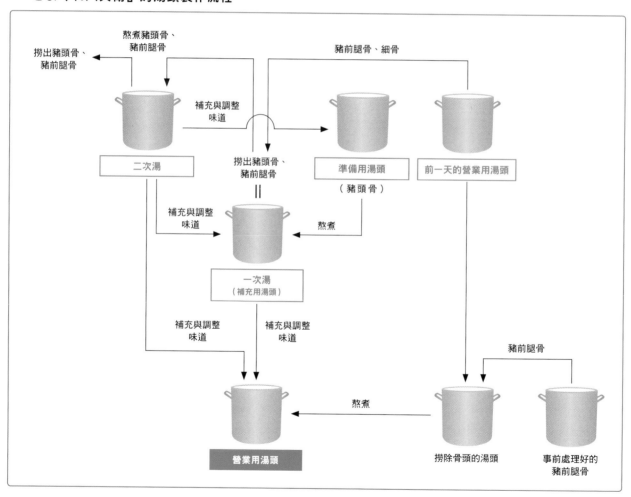

準備用湯頭

1 深鍋裡倒入少量熱水，蓋上鍋蓋煮至沸騰。鍋蓋間冒出蒸氣時，放入豬頭骨後再蓋上鍋蓋。

2 再次沸騰且冒出白煙後，以火焰不超出鍋底的大火繼續熬煮豬頭骨1小時10分鐘左右。

3 豬頭骨熟了之後，倒入熱水蓋過豬頭骨。撈除湯表面的浮渣。

豬前腿骨的事前處理

1 深鍋裡倒入熱水煮沸，放入豬背骨並蓋上鍋蓋。

2 豬背骨確實溫熱後，將對半切的豬前腿骨鋪在豬背骨上面。注意不要讓豬前腿骨浸泡在熱水裡。

3 蓋上鍋蓋，讓熱水再次沸騰，用蒸氣燜煮35分鐘。

4 取出煮熟的豬前腿骨，放入營業用湯頭的2裡面。若有部分骨頭呈鮮紅色時，則繼續加熱。若骨頭上黏有血塊，熬煮時自然會浮上來表面，所以不用刻意清洗。

2 蓋上鍋蓋，以鍋內的湯能夠對流的火侯熬煮3小時。

3 3小時後調為大火，每隔20～30分鐘打開鍋蓋攪拌一次，充分攪拌後再蓋上鍋蓋。

4 約5個小時後，撈出豬頭骨和豬前腿骨。撈除骨頭的湯可作為營業用湯頭的補充用高湯。必要時以二次湯來調整湯頭味道。

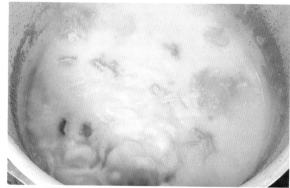

4 熬煮過程中適時調整水位並撈除浮渣，蓋著鍋蓋繼續熬煮至打烊。出現細小殘渣後容易燒焦，所以在這個階段中不要攪拌。

一次湯

1 將昨天的準備用湯頭加熱至沸騰。沸騰後，倒入昨天營業用湯頭深鍋中的細小殘渣。

營業用湯頭

1 加熱營業用湯頭，以大火煮至沸騰的同時，取出昨天放進去的豬前腿骨，並澈底撈除沉入鍋底的細小骨頭殘渣。取出的骨頭和殘渣留至一次湯的①使用。

2 倒入血塊凝固並事先處理好的新豬前腿骨。

3 血塊浮在湯的表面，用杓子撈乾淨。

二次湯

1 準備一只乾淨的深鍋，倒入從一次湯中取出的豬頭骨和豬前腿骨，倒入熱水蓋過豬骨。

2 開大火煮3小時。烹煮過程中充分攪拌以避免燒焦。

3 3小時後取出豬頭骨和豬前腿骨並過濾。二次湯作為營業用湯頭、一次湯的補充和調整味道用。

薄切叉燒肉

將豬五花肉醃泡在微甜、偏濃郁的叉燒肉用醬油醬汁中。使用同樣的豬肉部位和處理步驟來準備 "薄切" 和 "厚切" 2種叉燒肉，厚度3mm左右的 "薄切" 叉燒肉是長濱拉麵系列「本味拉麵」的專用叉燒肉。"薄切" 用豬肉的烹煮時間為2小時，醬汁醃泡時間為50分鐘；而厚度1cm左右的 "厚切" 用豬肉烹煮時間為3小時30分鐘。由於肉質鬆軟易入味，醃泡時間30分鐘就夠了。"厚切" 用豬肉使用於「中華蕎麥拉麵」。

─────【 材料 】─────

豬五花肉、叉燒肉用醬汁（濃味醬油、上白糖、精製鹽）

1 將一大塊豬五花肉切成8等分。

2 放入裝有熱水的深鍋裡，加熱至沸騰。這時如果將其他品項要使用的雞肉和背脂一起放進去煮，有助於鎖住豬肉的鮮味。

4 營業中持續加熱，讓豬前腿骨中的鮮味不斷溶入湯裡。不需要撈除浮在湯表面的的泡沫。加熱過程中水位降低時，添加補充用湯頭或二次湯，適時調整水位和味道。

辣芥菜

調味用的醬油醬汁不只用於長濱拉麵，也可以用於醬油味較強的家系拉麵。選用辣中帶甜的純辣椒粉，打造比較溫和的辣味。拌炒辣椒時，煙霧和辣味容易使用餐中的客人嗆到咳嗽，所以營業時間內不會烹煮這道料理。辣芥菜是免費配料，通常會擺在桌上供客人食用，但為了避免腐壞，店裡休息時段則會暫時放入冷藏室中保存。

─────── 【 材料 】 ───────

鹽漬芥菜、純辣椒粉、焙炒芝麻、豚骨醬油拉麵的醬油醬汁、芝麻油

3 沸騰後調成小火，維持80～90℃的溫度繼續熬煮2小時。為了避免熱水溫度過熱，鍋蓋不要蓋得太緊，留點縫隙。

1 先將鹽漬芥菜、純辣椒粉、焙炒芝麻、豚骨醬油拉麵的醬油醬汁混拌在一起。

2 以大火拌炒，用木鏟攪拌使水分蒸發。

4 醬汁於前一天調味好，並加熱至沸騰後備用。隔天直接將熱騰騰的豬五花肉放入冷醬汁中醃泡50分鐘。

3 待水分蒸發後，加入芝麻油拌勻。放涼後就能馬上使用。

中華そば 満鶏軒
マンチーケン

■地址：東京都墨田区江東橋 2-5-3
■電話：03-6659-9619
■營業時間：11 時～ 21 時（L.O.）
■公休日：全年無休

■ 鴨肉中華拉麵（醬油） 870日圓

只用鴨骨和水熬煮的100%原味鴨湯，再加上單1種壺底醬油（岐阜產）。搭配低溫烹調燻製的鴨胸肉、豬大腿叉燒肉、小松菜菜葉、切丁白蔥、柚子皮泥作為配料。最後滴幾滴熬煮鴨骨時浮在表面的鴨油、煎鴨肝時產生的鴨肝油，以及風味油。

■ 鴨肉中華拉麵（鹽味） 870日圓

這道料理相當受到客人喜愛，因為鴨湯裡添加了德國產岩鹽。這款鹽所含的
天然鹵水比較少，和湯頭十分合拍。配料和「醬油」款拉麵相同，但小松菜
部分使用的是菜梗。叉燒肉部分有鴨腿肉和炙烤鴨肉。另外，挑選當季且香
氣最濃郁的柚子皮，磨成泥後冷凍保存，需要時再拿出來使用。麵體和「醬
油」款拉麵相同，使用100％本土小麥麵粉製作成中粗直麵。

■ 鴨肉中華沾麵（醬油） 920日圓

全年供應沾麵。為了讓味道更融合，沾醬由壺底醬油、日本酒加鴨湯調製而成。麵體上擺放鴨胸肉，而裝有沾醬的碗中央擺一支湯匙，湯匙上有炙烤過的鴨腿肉。麵體為中粗寬麵。店裡另外備有昆布高湯作為加湯的清湯使用。

鴨湯頭

熬煮120公升的湯頭，需要40隻合鴨。1隻合鴨約供5個人食用，相當豪華的一碗拉麵。鴨肉的血水較多，需要確實做好去血水的事前準備工作。店裡通常會進行3次去血水工作，之後再開始熬煮湯頭。確實做好事前準備工作，撈除浮渣、減少獨特的腥味，才能熬煮出順口的鴨湯頭。添加鴨肝油，讓湯頭更加溫醇。

────── 【 材料 】──────

整隻合鴨（切掉鴨腿肉和鴨胸肉部分）、水

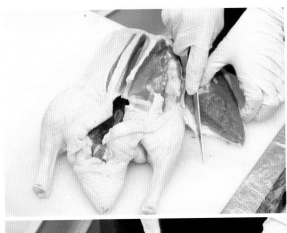

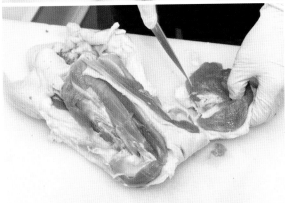

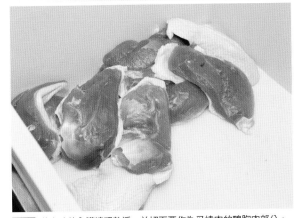

1 將合鴨的內臟清理乾淨。並切下要作為叉燒肉的鴨胸肉部分。

湯頭、油脂和配料，一鴨多饗
1天賣出300碗鴨肉拉麵

這是一家由錦糸町的人氣夯店「真鯛らーめん　麵魚」所另外經營的鴨肉拉麵專門店，平日可賣出200碗，假日可賣出300碗。近年來流行用鴨肉和雞肉一起熬煮高湯，但基於「只用鴨來熬煮湯頭，會是什麼樣的味道？」的想法，便興起利用100％鴨湯頭來煮拉麵的念頭。使用的食材只有合鴨和水，使用大量鴨肉，打造充滿鴨肉風味的拉麵。除了鴨油，也搭配鴨肝油，以突顯鴨的風味。店裡除了有類似「鴨南蠻蕎麥麵」的正統醬油鴨肉拉麵，還有其他拉麵店較為少見的鹽味鴨肉拉麵。

▶ 『滿鶏軒』的湯頭製作流程

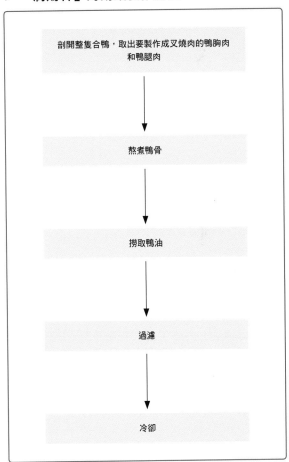

剖開整隻合鴨，取出要製作成叉燒肉的鴨胸肉和鴨腿肉

↓

熬煮鴨骨

↓

撈取鴨油

↓

過濾

↓

冷卻

4 將整隻合鴨放入深鍋裡，加水但無須淹過所有食材，開大火加熱。沸騰後調為中火，熬煮6小時。熬煮過程中，隨時撈除浮渣。

5 沸騰後約2小時，稍微改變一下食材位置，讓所有食材均勻受熱。這時順便搗碎鴨骨，讓骨髓菁華溶入湯裡。

6 沸騰後約5小時，撈出浮在表面的鴨油。鴨油可作為鹽味和醬油鴨肉中華拉麵的風味油使用。

2 接著切下作為叉燒肉的鴨腿肉部分。取出鴨腿肉裡的骨頭。

3 剩餘部位作為熬煮湯頭的食材，包上保鮮膜並置於冷藏室保存。隔天浸泡在水裡，進行3次去血水處理。

低溫烹調叉燒肉

為了製作使用全鴨的拉麵，就連麵裡的叉燒肉也是用鴨肉烹調製成。鴨肉較具咬勁，加熱過度會變硬，所以採用火侯較小的低溫烹調手法。而為了保留鴨肉的美味，只用些許鹽和胡椒調味。最後再以櫻花木片煙燻一下。相較於口感紮實的鴨胸肉，鴨腿肉Q嫩多汁，表面經炙燒處理後，更添濃郁香氣。店裡致力於打造能讓顧客同時享用口感與美味的拉麵。

【 材料 】

合鴨胸肉、合鴨腿肉、精製鹽、黑胡椒、櫻花木片

7 用篩網過濾湯頭。

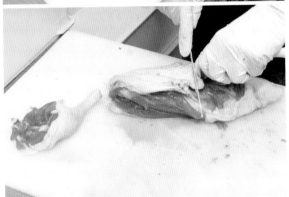

1 用菜刀切下合鴨的鴨胸肉和鴨腿肉部分，並各自去骨備用。

8 鍋子置於冷水中冷卻。溫度降至20℃以下後放入冷藏室保存。隔天就可以使用了。

43

3 將②放進60℃的熱水中，加熱2小時。

4 取出鴨腿肉和鴨胸肉後，以冷水降溫放涼。冷卻後移至冷藏室保存，並於隔天再使用。每天早上只取適量（當天使用量）的叉燒肉切片備用。鴨胸肉切成7～8mm厚的片狀，鴨腿肉切成2～3cm塊狀。切好的鴨肉以櫻花木片煙燻30分鐘左右以增添香氣。另外，鴨腿肉部分於上桌前再以瓦斯噴槍炙燒處理一下。

2 在鴨腿肉和鴨胸肉上撒一些精製鹽和黑胡椒調味，真空處理後靜置1小時左右。

3 放入煮好的麵體、切塊鴨腿肉和切片鴨胸肉。塊狀鴨腿肉經炙燒處理後再放進去。

4 擺上汆燙過的小松菜菜葉和白蔥段。將柚子皮泥擺在鴨胸肉上，周圍淋上鴨肝油。

鴨肉中華拉麵（醬油）的盛裝方式

1 碗裡倒入壺底醬油和鴨油。

2 倒入鴨湯頭後，用打蛋器充分拌勻。

らぁめん 小池

■地址：東京都世田谷区上北沢 4-19-18 上北沢ハイネスコーポ

■電話：非公開

■營業時間：平日 11 時～ 14 時 30 分、18 時～ 21 時，星期六日、國定假日、節日 11 時～ 15 時、18 時～ 21 時

■公休日：不定期

■ 濃厚拉麵 880日圓

這是 2014 年 4 月開幕以來就有的菜單。湯頭為「雞白湯與魚乾」。醬油醬汁使用濃味醬油、味醂和日本酒調製而成。湯頭裡有雞油，不另外添加風味油。叉燒肉為低溫烹調的豬梅花肉，配料部分則有洋蔥、九条蔥和切絲的紫洋蔥，最後再放入一顆雞腿肉和軟骨做成的丸子。

■ 魚乾台灣拉麵 880日圓

使用和「濃厚拉麵」相同的湯頭和醬油醬汁。配料有辣炒豬絞肉（台灣肉臊）、洋蔥、韭菜、切丁蒜頭、以白絞油自製的辣油。客人可以要求「不加蒜頭」。使用製作豬五花叉燒肉剩下的碎肉來製作台灣肉臊。麵體和「濃厚拉麵」一樣，都是低加水的細直麵條（煮麵時間1分鐘）。

「雞白湯＋魚乾」湯頭

一次熬煮將近60kg的雞骨時，位於底部的食材容易燒焦，建議分批熬煮。過濾雞骨、雞腳是件相當耗體力的勞動工作，但使用電動離心式過濾機「過濾太郎」，就能輕鬆在30分鐘左右完成過濾作業。

――――――【 材料 】――――――

雞腳、背脂、帶頸雞骨、洋蔥、瀨內戶內產鯷魚乾（白口）、千葉產鯷魚乾、熊本產鯷魚乾

1 140ℓ的深鍋裡放入水和雞腳，接著倒入背脂、洋蔥、10kg的雞骨後開火加熱。背脂分量約雞腳的1/10，洋蔥不用多，製作佐料用剩的就夠了。以前還會將佐料用洋蔥的蒂頭一起丟進去熬煮。

在前一天熬煮備用的雞白湯中加入3種魚乾

在前一天煮好的雞白湯中加入大量魚乾繼續熬煮，完成一鍋「雞白湯＋魚乾」的美味湯頭。雞白湯中添加雞油以增加濃郁口感，另外再加入瀨內戶內產鯷魚乾（白口）和千葉產鯷魚乾共10kg左右的魚乾。為了強調魚乾風味，添加香氣較為強烈的熊本・天草產魚乾。魚乾本身的鹽分較多，完成後的湯頭會比較鹹，所以製作「濃厚拉麵」時，相對於1人份180㎖的湯頭，只使用5～10㎖的醬油醬汁調味。

▶『らぁめん　小池』的「雞白湯＋魚乾」湯頭製作流程

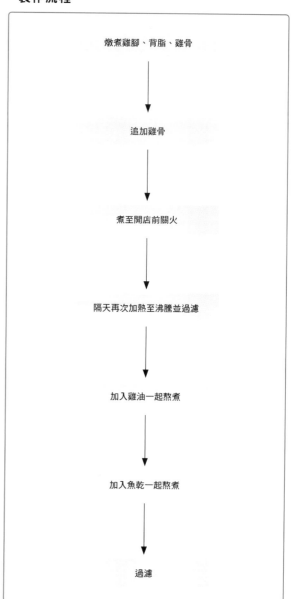

燉煮雞腳、背脂、雞骨

↓

追加雞骨

↓

煮至開店前關火

↓

隔天再次加熱至沸騰並過濾

↓

加入雞油一起熬煮

↓

加入魚乾一起熬煮

↓

過濾

2　沸騰後加入10kg的雞骨。若將所有雞骨全倒進去，位於底部的食材容易燒焦，所以要分批倒進去煮。從傍晚5點左右熬煮至晚上10點左右。熬煮過程中時常攪拌一下，但不需要撈除浮渣，也不需要另外加水。

3　次日營業之前，再次煮沸。沸騰後關火過濾。

4　使用電動離心式過濾機「過濾太郎」過濾，30分鐘左右就能完成過濾作業。

5　取另一只深鍋，倒入雞油，然後倒入過濾後的雞白湯煮至沸騰。

7 熬煮40分鐘後，使用「過濾太郎」過濾。將裝有湯頭的鍋子浸在冰水中急速冷卻。

6 沸騰後加入瀨內戶內產鯷魚乾（白口）、千葉產鯷魚乾、熊本・天草（牛深）產鯷魚乾，魚乾共10kg左右。攪拌均勻繼續熬煮。

麵屋 BISQ

■地址：神奈川県茅ケ崎市東海岸北 1-7-21 ブルーマリン茅ヶ崎 1 階
■電話：0467-33-5229
■營業時間：平日 11 時～14 時 30 分、18 時～21 時。星期六、日、國
定假日 11 時～14 時 30 分、18 時～20 時
■公休日：星期一（遇國定假日照常營業，改為隔天星期二公休）

■ まぜそば 800日圓

自 2016 年開幕就有的人氣菜單，通常每 3 位客人之中就有 1 位會點這道拉
麵。在微甜的拌麵用醬油醬汁中加入大蒜泥、雞油。麵體為加水率 40%，
充滿 Q 嫩口感的中粗麵條。拌麵的麵體為店裡自行製作，使用的是本土小麥
麵粉。配料為辣勁十足的絞肉，再淋上店裡自製的辣油。加飯需另付 100 日
圓。

■ 溏心蛋雞麵 880日圓

湯頭為使用信玄雞、整隻名古屋交趾雞、信州黃金軍雞的雞骨、鴨骨和豬前腿骨所熬煮的清湯。醬油醬汁則以島根產的無添加醬油為主，搭配再釀造醬油和壺底醬油，另外再加入柴魚節高湯調製而成。配料有使用蒸焗爐以低溫烹調的豬梅花叉燒肉和雞胸叉燒肉、筍乾等。風味油為名古屋交趾雞的雞油，追求整體的溫醇美味。麵體為加水率37%的中細麵，由店家自行製作，完全使用本土小麥麵粉。

雞湯

以前只用整隻信玄雞和信州黃金軍雞的雞骨熬煮湯頭，但為了提升風味和鮮味，不但加入其他品種的雞骨，也日以繼夜地鑽研新的食材組合。目前以整隻信玄雞和名古屋交趾雞，搭配信州黃金軍雞的雞骨和鴨骨一起熬煮。全雞部分先切掉雞胸肉和雞腿肉，並分批和雞骨一起熬煮，確實做好溫度管理。

━━━━【 材料 】━━━━

全雞（信玄雞、名古屋交趾雞）、帶頸雞骨（信州黃金軍雞）、鴨骨（本土鴨）、豬前腿骨

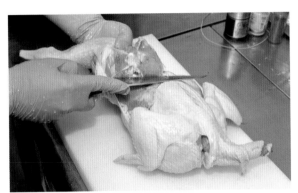

1 扒開信玄雞和名古屋交趾雞，分成雞骨、雞腿肉、雞胸肉和雞翅等部位。肉和骨頭部分的熬煮時間不同，要事先切好備用。信玄雞和名古屋交趾雞的使用隻數要相同。

2 為了讓雞腿肉、雞胸肉的美味肉汁更容易溶入湯裡，事先用菜刀於肉片上輕劃幾刀。雞腿肉先扒開後再劃格子紋。

天天思考烹調方法與食材，以期提升與改良拉麵美味！

店長松澤一隆先生結束15年的上班族生涯，轉戰至神奈川、東京有名的拉麵店學習製作拉麵，大約5年後，於2016年12月獨立開業。打從一開始就規劃使用無化學調味料、自製麵條及本土食材烹調拉麵。除了雞清湯、貝類高湯、魚乾湯等正規菜單外，星期四晚上還有限定雞白湯拉麵。開業後仍不斷鑽研湯頭的烹調方法與食材的組合方式，以期進一步提升拉麵的美味度。

▶ 『麵屋 BISQ』的湯頭製作流程

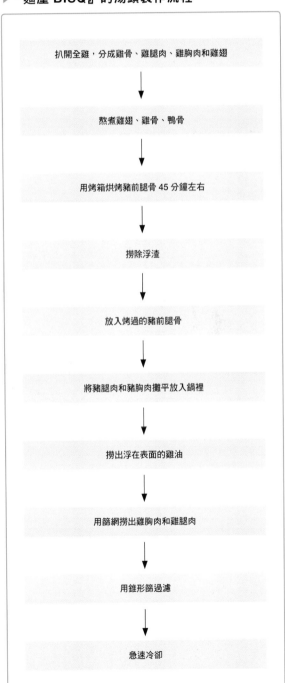

扒開全雞，分成雞骨、雞腿肉、雞胸肉和雞翅

↓

熬煮雞翅、雞骨、鴨骨

↓

用烤箱烘烤豬前腿骨 45 分鐘左右

↓

撈除浮渣

↓

放入烤過的豬前腿骨

↓

將豬腿肉和豬胸肉攤平放入鍋裡

↓

撈出浮在表面的雞油

↓

用篩網撈出雞胸肉和雞腿肉

↓

用錐形篩過濾

↓

急速冷卻

5 深鍋裡裝水熬煮全雞的雞架骨、雞翅、雞骨和鴨骨。鍋裡的水使用的是經Seagull淨水器過濾的水。由於烹調清湯時，必須隨時微調火侯，所以使用不鏽鋼深鍋裝食材，並且放在電磁爐上煮。先開大火並蓋上鍋蓋煮至沸騰。

3 為了撈取名古屋交趾雞的雞油，所以事先切除信玄雞的皮，而且不要放入深鍋裡。而名古屋交趾雞的皮則直接連著雞肉一起放進深鍋裡熬煮。

6 利用熬煮雞骨和鴨骨的期間來準備豬前腿骨。將豬前腿骨切小段，放入180℃的烤箱中烤45分鐘左右。烤過之後再熬煮，有助於加速釋出骨髓。

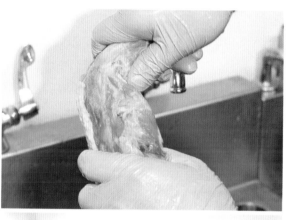

4 選用信州黃金軍雞是因為帶頸雞骨的部分比較粗，而且雞頸肉也比較多。先用清水洗淨雞骨，另外為了讓雞骨的骨髓容易溶入湯裡，所以折斷後再放入鍋裡熬煮。

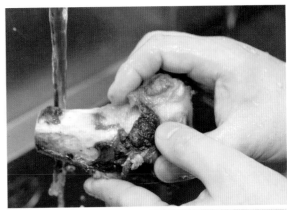

7 將烤過的豬前腿骨置於室溫下放涼，用清水洗掉烤焦的部分。

8 雞骨和鴨骨這一鍋沸騰後，調為小火繼續煮。撈除湯表面的浮渣。因為使用新鮮的雞骨，不需要另外為了消除腥味而放入調味蔬菜。

9 撈除浮渣後，將豬前腿骨擺在雞骨、鴨骨上。務必將豬前腿骨輕輕放入鍋裡以避免湯汁混濁。

12 用篩網取出雞胸肉和雞腿肉。雞肉還留有鮮味，先置於冷藏室保存，可作為限定菜單的雞白湯材料。

13 取出雞肉後，用錐形篩輕輕過濾整鍋湯。讓湯自然流過錐形篩，不需要刻意按壓食材。過去只用整隻信玄雞熬煮湯頭，沒有另外加入鴨骨，所以為了粹取鮮味，總會在過濾前攪拌一下整鍋湯，但現在不需要刻意攪拌，就能粹取清澈又鮮美的湯頭。

10 接著將信玄雞和名古屋交趾雞的雞腿肉、雞胸肉平鋪在鍋裡。為了讓雞肉的肉汁容易溶入湯裡，記得將切割格子紋的那一面朝下。將火侯控制在96℃，持續熬煮5小時左右，熬煮過程中不要攪拌。

11 5小時過後，撈出表面的雞油。過濾雞油，作為風味油使用。

拌麵用麵條

使用北海道產和長野縣產的麵粉，以7：3的比例調和，100%日本本土小麥麵粉製作而成的麵條。拌麵的麵體是Q軟有咬感，容易吸附醬油醬汁的中粗麵條。和「雞蕎麥麵」使用相同湯頭的「淡麗系沾麵」，也是使用相同麵粉，相同的10號切麵刀（3mm麵寬），但麵條壓製得比較薄且切條成寬麵。

【 材料 】

長野縣產小麥麵粉（夢世紀、花滿點）、北海道產小麥麵粉（夢之力、夢香）、全蛋、鹼水、水、鹽

14 過濾後將整個鍋子置於冰水中急速冷卻，之後再放入冷藏室一晚。營業中再以單手鍋取所需要的分量加熱後使用。

1 全蛋打散，加入鹼水、水和鹽，並和事前冷卻備用的液體鹼水混合在一起。

2 將小麥麵粉倒入混合機中攪拌均勻。北海道產和長野縣產的小麥麵粉比例為7：3。

7 用塑膠布將麵帶包起來，靜置30分鐘醒麵。

3 將鹼水倒入混合機中，攪拌過程中隨時刮下沾附在攪拌棒上的麵團，攪拌3分鐘左右直到水分滲透至所有麵粉中。

14 切條作業。使用10號切麵刀（3 mm麵寬）切成麵條。拌麵的麵體1人份約190g。切好的麵條存放在桐木保存箱中。沾麵的麵體同樣使用10號切麵刀進行切條作業，但切條前改變一下麵帶厚度，並切條成寬麵。

4 將麵團壓成粗麵帶，並且將2個麵帶合在一起，以利接下來的複合作業。

5 進行3次複合作業，慢慢加厚麵帶。

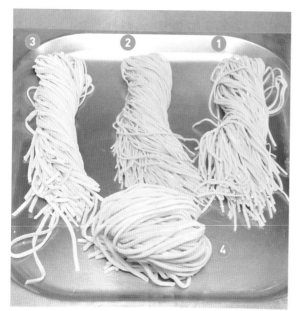

❶ 雞蕎麥麵用麵條　❷ 魚乾蕎麥麵、鹽味蕎麥麵用麵條
❸ 沾麵用麵條　❹ 拌麵用麵條

6 注意加水率40%的麵團容易沾黏，所以進行第3次複合作業時，要撒上一些手粉。

クラム＆ボニート
貝節麺ライク

■地址：東京都杉並区方南 2-21-21
■電話：03-5913-9119
■營業時間：11 時 30 分～15 時、18 時～21 時
■公休日：星期一（國定假日或節日的話則正常營業）

■ 貝節塩そば 820日圓

以櫻桃寶石簾蛤為主，搭配菲律賓簾蛤和蛤蜊熬煮的高湯，完美呈現濃郁鮮美的湯頭。只有貝類的話，味道稍嫌單調，所以加入鰹魚的鮮味。鹽味醬汁使用乾蝦和雞絞肉熬煮而成。另外，搭配充滿蕈菇和宗田節香氣的蕈菇油，以及先用食物調理機將櫻桃寶石簾蛤磨碎，再用白絞油熬煮的貝泥油，享受多樣化的豐富美味。

■ 煮干し貝そば 820日圓

湯頭為日本鯷魚乾、飛魚乾、黃尾鰤、真昆布、香菇等熬煮的魚乾高湯和貝類高湯以4：6的比例熬煮而成。剛上桌時，湯頭充滿濃郁的魚乾味，但隨著溫度逐漸降低，貝類的鮮甜在嘴裡慢慢散開。碗裡先倒入醬油醬汁和魚乾油後，再倒入湯頭。麵體為帶有咬感的低加水率麵條。相對於夏季限定版的「貝節沾麵」，魚乾貝拉麵是冬季限定版拉麵。

■ 乾拌麵 200日圓

這是唯有點「魚乾貝拉麵」的客人才能獨享的加麵菜單。麵條事先拌好貝泥油，並和少量貝高湯、魚乾油、醬油醬汁混拌在一起。配料有紫洋蔥、切小塊的炙燒雞胸叉燒肉、櫻桃寶石簾蛤泥、海苔。可以直接攪拌當乾拌麵吃，也可以倒入碗中剩下的湯裡。

櫻桃寶石簾蛤物美價廉，大量使用也不心疼，而為了烹調出極具震撼力的鮮味，貝高湯以櫻桃寶石簾蛤為主。另外，使用菲律賓簾蛤打造第一口的驚艷，使用蛤蜊打造唇齒留香的餘味。熬煮貝類時不要攪拌，因為攪拌容易使整鍋湯變混濁，也可能跑出更多泥沙。為了避免鍋內水位下降，熬煮過程中不要頻繁開蓋，覺得味道不夠時，則在營業中追加一些貝類以調整味道。

【 材料 】

櫻桃寶石簾蛤、菲律賓簾蛤、蛤蜊、水

| 1 | 櫻桃寶石簾蛤的泥沙較多，務必先用水洗乾淨。 |

| 2 | 將櫻桃寶石簾蛤、菲律賓簾蛤、蛤蜊放入裝好水的深鍋裡，蓋上鍋蓋並開大火熬煮。水量要蓋過食材。 |

突顯貝類高湯的獨特鮮味，緊緊抓住顧客的味蕾

相對於以鰹魚作為主角的本店『Bonito Soup Noodle RAIK』，『貝節麵ライク』則以貝類為主。第一口來自菲律賓簾蛤的震撼鮮味，接著是趁勝追擊的櫻桃寶石簾蛤的美味，最後是餘味無窮的蛤蜊味，3種貝類呈現多樣化的豐富鮮味。另外搭配鰹魚，完成最具海鮮美味的湯頭。除此之外，店裡還供應每天更換鮮魚湯頭食材的「貝節潮拉麵」和不同配料內容的限定拉麵。努力打造讓客人一再上門光顧的拉麵菜單。

▶『貝節麵ライク』的湯頭製作流程

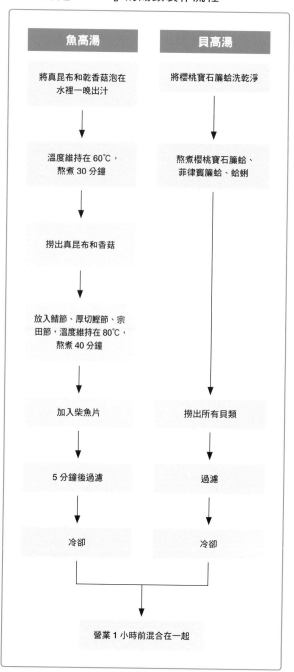

魚高湯	貝高湯
將真昆布和乾香菇泡在水裡一晚出汁	將櫻桃寶石簾蛤洗乾淨
溫度維持在 60℃，熬煮 30 分鐘	熬煮櫻桃寶石簾蛤、菲律賓簾蛤、蛤蜊
撈出真昆布和香菇	
放入鯖節、厚切鰹節、宗田節，溫度維持在 80℃，熬煮 40 分鐘	
加入柴魚片	撈出所有貝類
5 分鐘後過濾	過濾
冷卻	冷卻

營業 1 小時前混合在一起

5 湯頭裡可能殘留泥沙，務必使用網格較細密的篩網過濾。在流理台中以流動清水冷卻裝有湯頭的深鍋。

3 沸騰後，打開鍋蓋鋪平鍋裡的貝類。一開始是大火，然後慢慢調為中火，再次蓋上鍋蓋繼續熬煮。在鍋蓋上壓重物以避免湯汁蒸發。

6 取下次營業所需要的分量和魚高湯混合在一起，剩下的置於冷藏室保存。

4 2小時後關火並撈出貝類。取出櫻桃寶石簾蛤的貝肉，製作成配料的「貝泥油」。

3　30分鐘後取出真昆布和香菇。

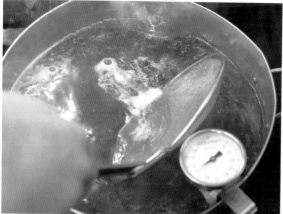

4　放入鯖節、鰹魚厚切節、宗田節後，稍微將火開大一點。維持在80℃的溫度，熬煮40分鐘。適時撈除浮渣。

魚高湯

貝高湯搭配鰹魚節高湯能使味道更均衡，也可以用於補強鮮味，但鰹魚節終究只作為補強用。貝高湯加魚高湯的組合湯頭適合用於「貝節潮拉麵」和夏季限定的「貝節沾麵」，但一次大量混合的話，湯頭容易變質，也容易造成損失，建議營業前或午休時取需要的分量混合在一起就好。另外，因為是完全不使用動物類食材所熬煮的湯頭，非常適合活用在冷麵菜單。

―――――――【 材料 】―――――――

真昆布、乾香菇、鯖節、鰹魚厚切節、宗田節、柴魚片

1　將真昆布和乾香菇浸泡在水裡一晚出汁。

2　維持在60℃的溫度，加熱熬煮30分鐘。適時撈除浮渣。

5 維持在80℃的溫度，加入柴魚片。

6 5分鐘後關火，立即過濾。

7 以流動清水冷卻裝有湯頭的深鍋。

營業前1小時將冷藏保存的魚高湯和貝高湯混合在一起。客人點餐後再以單手鍋取所需要的分量加熱。營業用湯頭盡量在當天使用完畢。

自家製麺 SHIN

■ 地址：神奈川県横浜市神奈川区反町 1-3-8
■ 營業時間：星期三至星期六 11 時 30 分～14 時 30 分、18 時～21 時（售完為止）。
　　星期日和星期一 11 時 30 分～14 時 30 分
■ 公休日：星期二

■ 飛魚高湯醬油拉麵 800日圓

使用平戶產的飛魚乾和烤飛魚乾熬煮的湯頭，搭配鰹魚高湯熬煮的竹筍、熬煮3小時的豬五花叉燒肉、枸杞、柚子皮和鴨兒芹。不另外調製醬油醬汁，而是直接混合當地產的「橫濱醬油」和湯頭。以2種高筋麵粉製作成彈性佳、具咬感的22號（1.36mm寬）細直麵。1人份150g，煮麵時間約50秒。

■ 飛魚高湯鹽味拉麵 800日圓

鹽味拉麵使用的湯頭、麵條和風味油都和「醬油拉麵」相同，但以青蔥取代鴨兒芹。鹽味醬汁方面，使用以飛魚乾為主的魚貝高湯，加上瀨戶內產的花藻鹽調製而成。花3小時燉煮的豬五花叉燒肉，冷了也依然軟嫩，所以不能切得太薄，一片約1cm厚度。目前「鹽味拉麵」和「醬油拉麵」的銷售量平分秋色。

■ 飛魚高湯沾麵 850日圓 ＋ 半熟溏心蛋100日圓

全年供應沾麵。魚貝高湯的湯頭裡另外加入醬油和風味油，使用和「醬油拉麵」一樣的麵條。溏心蛋以鰹魚高湯、醬油、砂糖調味製成。沾麵上的豬五花叉燒肉，先在平底鍋上炒一下，然後擺在麵體上。沾麵加湯用的清湯是鰹魚高湯。拉麵和沾麵一樣，都可以依照客人的需求調整湯頭的「濃・淡」。

飛魚高湯

使用一次湯以突顯飛魚高湯的鮮味，另外也為了避免出現鹼味，盡量縮短浸泡在水裡的時間與熬煮時間。如同萃取日式料理中的上等高湯，過濾時只用篩網輕輕過濾，不另外壓擠食材。

————————【 材料 】————————

飛魚乾、烤飛魚乾、日本鯷魚乾（白口）、宗田節、高湯昆布、乾香菇

1 將柴魚節浸泡在水裡。前一天就浸泡的話，風味容易變質，所以營業前再浸泡。將柴魚節泡在水裡3～4小時，水溫低的冬季要增加浸泡時間。浸泡時只要上下翻面就好，過度攪拌容易使高湯過於混濁。

魚貝類熬煮的濃郁湯頭，搭配相得益彰的配料

2013年創業的理念就是「自家製麵＆無化學調味料」。創業之初使用的是動物魚貝湯頭，也就是在雞和豬熬煮的湯頭裡加入藍圓鰺和鯖節。另外還有限定版專用的以飛魚高湯為主的魚貝湯頭，因為深受好評，自2019年起，店裡的湯頭全面改以魚貝湯頭為主。動物類食材只有搭配蔥油作為風味油的豬油和豬五花叉燒肉。為了讓叉燒肉和魚貝湯頭能一拍即合，以專用醬汁熬煮3小時至油脂融化，叉燒肉煮熟後不取出，繼續浸泡在醬汁裡。另外，不使用筍乾，而是將汆燙過的竹筍放進鰹魚高湯中熬煮。溏心蛋也事先用鰹魚高湯煮過。

▶『自家製麵 SHIN』的湯頭製作流程

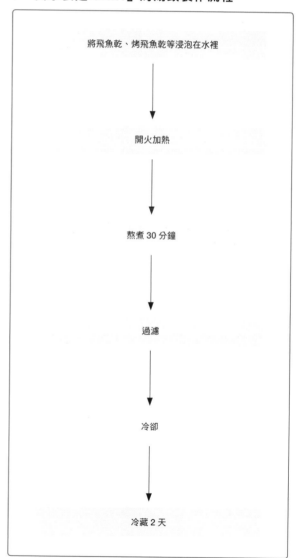

將飛魚乾、烤飛魚乾等浸泡在水裡

↓

開火加熱

↓

熬煮 30 分鐘

↓

過濾

↓

冷卻

↓

冷藏 2 天

4 撈出柴魚節後，使用細網格錐形篩再過濾一次。

2 一浸泡在水裡就以大火加熱至沸騰，沸騰後調為小火。熬煮過程中不要攪拌。

5 過濾後將整鍋置於冷水中冷卻，然後再移至冷藏室保存。冷藏2天後再使用。營業中舀取所需要的分量至單手鍋中加熱使用。

3 熬煮30分鐘後關火過濾。先用平篩網撈出柴魚節，不要從篩網上方用力擠壓，將篩網架於鍋緣上，讓高湯自然滴落。

3 製作成粗麵帶。粗麵帶經1次壓延變成2片麵帶，然後再進行複合處理。

4 將2片麵帶複合處理成1片，總共進行5次。將麵帶不斷壓延後複合，就能做出具有彈性的麵條。

麵體

店裡主要使用細麵條，但致力於製作具有咬感、不易延展、一咬就有回彈感覺且容易咬斷的細麵。嘗試各種麵粉後，最後使用小麥麥芽豐富的法國產麵包用麵粉「百合花」和高筋麵粉以7：3的比例混合製成麵條。進行5次複合處理，讓細麵條也能具有彈性。麵帶不經醒麵處理，營業前開始製麵，並於當天使用完畢。「鹽味拉麵」、「醬油拉麵」和「沾麵」的麵體同樣都是22號麵刀（1.36mm麵寬）切條的麵條。

─────【 材料 】─────
百合花、高筋麵粉、全蛋、蒙古鹼水、鹽、水

1 前一天先將水、鹽、鹼水混合好並冷卻備用。營業前再與打散的全蛋混合在一起。

2 將小麥麵粉和鹼水溶液倒入混合機中攪拌5分鐘左右。務必確認鹼水溶液均勻滲透至麵粉裡。加水率約38%。

製作鹽味拉麵

5 切條處理。使用22號麵刀,並在切條好的麵條上撒些手粉。早上製作的麵條於當天中午使用。「鹽味拉麵」、「醬油拉麵」和「沾麵」同樣都使用這種麵條。拉麵用麵條的煮麵時間為50秒左右。

1 碗裡倒入鹽味醬汁和蔥油。使用豬油和植物油熬煮白蔥切末,過濾後就是蔥油。而鹽味醬汁的作法則是將鹽(瀨戶內產的花藻鹽)和竹筴魚高湯混合在一起。「醬油拉麵」所使用的醬油醬汁則是將「橫濱醬油」和竹筴魚高湯混合在一起。

2 倒入竹筴魚高湯。由於竹筴魚高湯顏色偏濃,看起來像是加了醬油,所以不另外添加醬油。

3 放入麵體,擺上叉燒肉、青蔥、柚子皮、竹筍、枸杞作為配料。「醬油拉麵」中則是以鴨兒芹取代青蔥。

江戸前つけ麺 銀座 魄瑛

■地址：東京都中央区銀座 4-10-1 HOLON GINZA2 階　　■電話：03-3542-6190
■營業時間：11 時 30 分～15 時 30 分，16 時 30 分～19 時 30 分
　（LO 各為 30 分鐘前、湯頭售完即歇業）
■公休日：星期日、星期一

■ 特製沾麵 1200日圓

使用 100% 信州小麥麵粉特製的麵條，一碗拉麵的麵體約 200g。雖然是超低加水率的麵條（加水率 25～27%），卻有著高加水率般的滑順柔軟口感。沾麵的醬汁以雞湯為基底，添加江戶前蜆仔高湯、鹽味醬汁、雞油和蔥調製而成。麵體上除了有蜆仔慕斯，還有萊姆片，讓客人吃麵時還能享受多樣化美味。叉燒肉部分只用鹽、胡椒、醬油簡單調味，不僅表面稍微烤過以增添香氣，還一次給足牛腿肉、梅花肉和鴨胸肉三種。另外，黑松露也是重要配料之一。

加一些昆布水在麵條裡，既可避免麵條黏在一起，還可以增加鮮味。另外淋上一些松露油增添香氣。一碗充滿各種風味的特製沾麵。

位於銀座的松露專賣店「Muccinitalia」，圖為店裡販售的松露油、松露奶油和松露鹽。加在沾麵、蛋、白飯上，美味頓時充滿高級感。

湯頭

基於「沾麵的味道比較豐富，比較具有深度」的想法，在備料作業中盡量不清洗雞骨，但熬煮過程中必須將浮渣清除乾淨，這樣才能煮出清澈的湯頭。選用帶頸雞骨有助於突顯雞肉的鮮味，更能帶出雞肉本身的獨特甜味。由於店鋪空間不大，店裡所使用的湯頭全交由中央廚房處理，真空包裝後再以冷凍方式配送至各店鋪。真空包裝能避免湯頭變質且能長時間保存，舉辦活動時特別方便又好用。各店鋪只需要重新加熱，並於客人點餐時加入一杯江戶前蜆仔，就能隨時熬煮出最新鮮的高湯。

―――――【 材料 】―――――

雞骨（主要為雞頸部分）、全雞、雞腳、逆滲透水、蜆仔

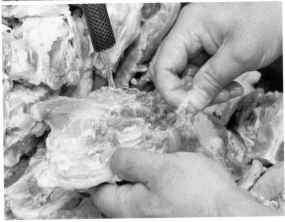

1 用流動清水輕輕洗淨雞骨表面的血水。保留內臟不切除。

供應最符合銀座這個地方的特製沾麵

『BOND OF HEARTS集團』旗下有位於長野·長野市的『頑固麵飯魂 気むずかし家』、位於東京·春日的『本枯中華そば 魚雷』、位於御徒町的『チラナイサクラ』等分布於全國各地的拉麵店，其中『江戶川前つけ麵 銀座 魄瑛』是特製沾麵的專賣店，特製沾麵由集團代表塚田兼司先生監製研發而成。高級食材松露搭配當地河川（流入東京灣）捕撈的蜆仔，可說是一道非常符合銀座這個地方的特製沾麵。搭配高級街道的形象，來強調這碗宛如高級名牌的拉麵。除此之外，充滿獨特品味的空間裝潢和碗盤餐具，簡直像是在打造個人品牌。副餐菜單中「松露生蛋拌飯」（1,000日圓）雖然價格偏高，但還是賣得嚇嚇叫。

▶『江戶川前つけ麵 銀座 魄瑛』的湯頭製作流程

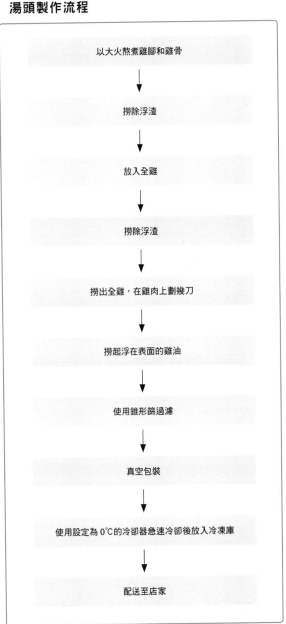

以大火熬煮雞腳和雞骨
↓
撈除浮渣
↓
放入全雞
↓
撈除浮渣
↓
撈出全雞，在雞肉上劃幾刀
↓
撈起浮在表面的雞油
↓
使用錐形篩過濾
↓
真空包裝
↓
使用設定為0℃的冷卻器急速冷卻後放入冷凍庫
↓
配送至店家

4 將浮渣清除乾淨。為了使鍋裡的湯汁能夠對流，務必將雞骨間的泡沫殘渣清除乾淨。

2 用流動清水輕輕洗淨全雞，身體內部也稍微用水沖一下。雞腳部分不清洗。

5 沸騰後繼續熬煮2小時，然後再放入全雞。再次沸騰後即可調為小火。維持90℃左右繼續熬煮2小時。維持湯汁能夠對流的溫度，一有浮渣就清除乾淨。

3 深鍋裡裝逆滲透水，放入雞腳和雞骨後，以大火熬煮。

8 從第一次沸騰算起的7小時後，用錐形篩過濾。

6 全雞煮軟之後（再沸騰後繼續熬煮1小時左右）先暫時取出，為了讓雞肉熟透，先用菜刀在雞肉上劃幾刀。劃刀位置因雞的大小而異，但在雞腿肉和雞胸肉上劃幾刀，有助於讓肉汁溶入湯裡。處理好之後再放回深鍋裡。

9 將熬煮好的湯頭分裝至5公升大小的塑膠袋中，進行真空包裝。

7 從最初放入全雞時算起，大約2小時後將火力調小一點，繼續熬煮3小時。撈起表面的油，可作為雞油使用。

13 沸騰後加入醬汁和醬油。

14 為了避免蜆仔裡的沙子跑進碗裡,記得用錐形篩過濾。

10 放入設定為0℃的冷卻器中急速冷卻。

11 湯頭冷了之後,放進紙箱中,連同紙箱放入冷凍庫。記得將塑膠袋上的水氣擦乾,否則冷凍後的塑膠袋會彼此黏在一起。

12 湯頭運送至各店鋪後,取適量隔水加熱後的湯頭至單手鍋中,加入蜆仔即可隨時煮出最新鮮的高湯。

蜆仔慕斯

將鹽、鮮奶油、蜆仔混合在一起,放入冷藏室一晚,隔天再攪拌均勻。用攪拌機打發至九分發後,裝飾於麵體上。蜆仔高湯本身很清爽,但奶油溶入高湯後,味道會隨之產生變化。

―――――――【 材料 】―――――――

鮮奶油（47%）、蜆仔、鹽

1 將鹽、鮮奶油、蜆仔倒入鍋裡加熱。沸騰後調為小火,繼續熬煮10分鐘,萃取新鮮蜆仔高湯。

2 過濾後,連同鍋子置於冰塊水上冷卻。

3 隔天於營業前,用電動攪拌機攪拌至九分發。麵體和配料都盛碗後,舀一匙蜆仔慕斯置於最上頭。

雞油

只用肉雞熬煮的雞油,缺乏一點鮮味與香味,因此以具有濃郁雞風味的赤雞雞油為主,另外搭配湯頭中的雞油,讓混合後的雞油能和湯頭維持一致性。

―――――――【 材料 】―――――――

赤雞的雞脂、水、雞油（撈自湯頭）

1 將赤雞的雞脂倒入水裡,以大火加熱。沸騰後將浮渣撈除乾淨,關火讓水分蒸發。

2 放進冷藏室裡冷卻,開個洞讓水分流光。

3 為了讓湯頭更加順口,湯頭取出的雞油和赤雞的雞油以1:4的比例混合在一起。

麺屋 まほろ芭

- 地址：東京都大田区蒲田 5-34-4
- 電話：未提供
- 營業時間：11 時～ 14 時、18 時～ 23 時
- 公休日：全年無休

■ 濃郁牡蠣拉麵 970日圓

這道拉麵原本是店裡的招牌餐點，但原物料漲價48％後，現在改為限量供應餐點（午餐時段20碗，晚餐時段15碗）。濃郁的魚乾湯頭裡加入牡蠣泥和牡蠣油，喝湯時明顯感覺得到「牡蠣」的味道。「麵屋まほろ芭」的目標是打造其他拉麵店所沒有原創美味。為了活用牡蠣的新鮮風味，店裡一律使用生牡蠣。一般生吃用的牡蠣味道比較淡，因此改為加熱用且味道較濃郁的牡蠣。醬油醬汁方面，使用岡直三郎商店的生抽、山佐醬油和魚露三種醬料調配而成。魚露本身具有獨特風味，讓店裡獨具個性的特製湯頭更加受到客人喜愛。配料方面有油漬牡蠣、切末洋蔥、青蔥、海苔和半熟豬梅花叉燒肉。

■ 黏稠魚乾中華拉麵 790日圓

帶有鮮味和甜味的伊吹產日本鯷白口魚乾搭配帶有苦味的瀨戶內產的日本鯷青口魚乾，熬煮出一鍋充滿濃郁魚乾風味的湯頭。熬煮過程中不撈取浮渣，讓浮渣和咕嘟咕嘟沸騰的湯頭融合在一起，風味和味道會更加強烈。而搭配魚乾湯頭的是使用雞腳和背脂熬煮的動物系湯頭。熬煮至有點黏稠，不僅較具分量，味道也比較溫潤滑順，同時還有助於減少浮渣的產生。另外，店裡拉麵的一大特色是大塊叉燒肉，於真空狀態下以低溫烹調的豬梅花肉。將肉放入裝有水、小蘇打粉、鹽的深鍋裡醃漬一天，肉質變軟後再浸泡於醬汁中。保存於冷凍庫也是重要步驟之一，破壞肉的纖維才能讓肉質變柔軟。

加麵（油麵）190日圓

在具有清脆咬感的低加水中細直麵裡拌入魚乾油和醬油醬汁。麵體上擺放洋蔥和叉燒碎肉，並撒上魚乾粉。可以倒入湯裡加麵，也可以直接作為乾拌麵食用。CP值高，所以大約5成的客人都會要求加麵。

濃郁的魚乾湯頭

使用雞腳和背脂熬煮湯頭。平常大概需要4個多小時才能煮好，但使用壓力深鍋的話，就能將熬煮時間縮短成一半。將事先打成泥的魚乾加入動物系湯頭裡，有助於加速兩者融合在一起。由於壓力深鍋的鍋底較厚，以大火熬煮白湯時不容易燒焦，既能濃縮湯頭，也不會讓食材沾黏在鍋底。

───────────【 材料 】───────────

π水、背脂、雞腳、日本鯷魚乾（白口和青口2種）、大蒜、洋蔥、高麗菜、生薑、蔥的綠色部分

1　前一天先將2種日本鯷魚乾泡在 π 水裡，置於冷藏室裡出汁。

2　壓力深鍋裡倒入 π 水和背脂、雞腳，開火加熱。

魚乾×牡蠣，獨一無二的美味

這家店是位於本鄉三丁目的『麵屋 ねむ瑠』的2號店。相對於本店備受歡迎的烏賊與魚乾的組合拉麵，2號店主推的牡蠣與魚乾組合拉麵也引起不少人熱烈討論。店主松原先生表示「魚乾拉麵的種類很多，但我們並不是追求稍有差異，而是打造非常與眾不同的獨特拉麵」。使用獨具個性的食材，致力於製作其他店家絕對吃不到的原創拉麵。然而原物料的漲幅實在太大，原是招牌餐點的「牡蠣魚乾拉麵」，現在只能限量供應。不過，目前正積極活用搭配「牡蠣泥」和「牡蠣油」的牡蠣魚乾拉麵的製作方法，努力挑戰新菜單「蝦子魚乾拉麵」。

▶ 『まほろ芭』的湯頭製作流程

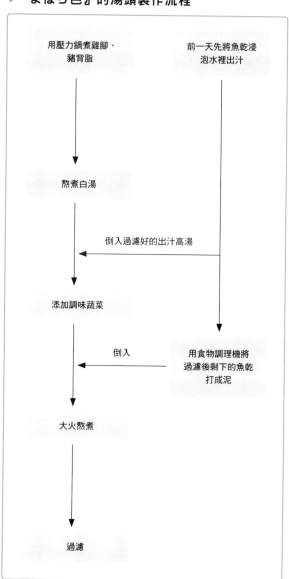

7 將⑥的魚乾泥加入⑤裡面。

8 加水後,用木杓將食材充分混合在一起,並大火加熱。熬煮過程中,只取出黑色雜質,不刻意撈除浮渣。

9 熬煮3小時30分鐘直到湯頭剩下2/3左右。壓力深鍋不易燒焦、不易沾黏,熬煮過程中只需要稍微攪拌即可。

10 使用錐形篩過濾,過濾時輕壓一下食材。

3 加熱40分鐘左右,在開啟鍋蓋的狀態下繼續煮40分鐘,製作白湯。

4 使用錐形篩過濾前一天的出汁①,將過濾好的出汁倒入白湯裡。

5 將切片生薑和對切成一半的大蒜、高麗菜、洋蔥、蔥的綠色部分倒入④裡面。

6 用食物調理機將過濾後剩下的魚乾打成泥。由於無法一口氣打成泥,建議一開始先用低速攪拌,第二次再改為高速。

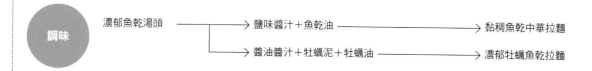

| 調味 | 濃郁魚乾湯頭 | → 鹽味醬汁＋魚乾油 | → 黏稠魚乾中華拉麵 |
| | | → 醬油醬汁＋牡蠣泥＋牡蠣油 | → 濃郁牡蠣魚乾拉麵 |

2 將冷凍牡蠣置於冷藏室一晚解凍備用。解凍後用清水洗乾淨。

3 平底鍋裡倒入少量沙拉油,接著倒入牡蠣、料理酒、拉麵的鹽味醬汁。

4 先開最大火加熱,沸騰後調為大火。用木杓輕輕攪拌以避免燒焦,並將料理酒和牡蠣中的水分收乾。

牡蠣泥

由於魚乾的風味強烈,只用風味油的話,牡蠣鮮味會被覆蓋,所以店裡會同時使用牡蠣泥來強調牡蠣具衝擊性的美味。喝湯時若要充分感受牡蠣風味,訣竅在於不要過度攪拌。牡蠣泥溶入湯裡的話,味道會變淡。使用奶油也是為了增添風味,有鹽奶油容易干擾湯頭味道,務必使用無鹽奶油。

────────── 【 材料 】 ──────────

無鹽奶油、油漬牡蠣的湯汁、冷凍牡蠣、沙拉油、料理酒、鹽味醬汁

1 在容器裡放入無鹽奶油,倒入油漬牡蠣的湯汁(請參照P86的⑤)

5 水量剩下一半時關火。

8 冷了之後倒入食物調理機中攪拌成泥狀。注意要保留一些顆粒口感。

6 連同湯汁一起倒入①裡面。

9 確實冷卻後，蓋上保鮮膜，放入冷藏室中保存。

7 連同鍋子置於冰水中急速冷卻。

4 在油漬用沙拉油裡倒入切片大蒜、朝天椒和月桂葉，製作醃漬
用油。

5 過濾③，將牡蠣和湯汁分開放。

6 將⑤的牡蠣倒入④的沙拉油中。湯汁則作為製作牡蠣泥的材
料。

7 連同鍋子置於冰塊水上急速冷卻。

油漬牡蠣

原本計畫使用橄欖油來製作油漬牡蠣，但考量價格和香
氣的問題而改用沙拉油。製作訣竅是盡量用小火熬煮以
避免牡蠣縮小，也要隨時留意燒焦。浸漬牡蠣的油可以
作為「牡蠣油」使用，連同油漬牡蠣和湯頭混合在一
起。

──────【 材料 】──────

冷凍牡蠣、沙拉油（炒牡蠣用）、料理酒、大蒜、朝天椒、
月桂葉、沙拉油（油漬用）

1 冷凍牡蠣置於冷藏室一晚解凍備用。解凍後用清水洗乾淨。

2 平底鍋裡倒入少量沙拉油，接著倒入牡蠣和料理酒。

3 開大火拌炒，沸騰後調為小火煮10分鐘左右。加熱過程中不斷
用木杓攪拌，讓牡蠣完全入味。

麵屋 六感堂

■地址：東京都豊島区東池袋 2-57-2 コスモ東池袋 101
■電話：03-5952-6006
■營業時間：11 時 30 分～ 15 時 LO.、17 時 30 分～ 21 時 LO.、星期六日、國定假日、節日 11 時～ 15 時、17 時 30 分～ 21 時 LO.
■公休日：星期二

■ 綠拉麵（鹽味） 870日圓

這是店長渡邊直樹先生就讀大和製麵的大和麵學校時，使用最美味的"日式出汁"所製作的無化學調味料、無添加的健康拉麵。在4種鹽裡面加入櫻桃寶石簾蛤、真鯛（去掉主要魚肉的剩餘部分）、日高昆布、日本鯷魚乾高湯製作成鹽味醬汁，以豐富的鮮味襯托湯頭。店裡有一般麵條和加入綠蟲藻粉的綠麵條供客人選擇。具咬感且色澤美麗的綠色麵條在社群網站上引起廣泛討論，也深受熱愛健康食品的愛好者好評。在過去的點餐數中，綠麵條以8：2的高比例深受青睞，但開店5年來，一般麵條的美味也吸引愈來愈多人的喜愛，目前綠麵條和一般麵條的點餐比例為6：4。為了滿足客人的口腹之慾，叉燒肉也變成雞肉和豬肉2種。

■ 特製餛飩麵（醬油） 1170日圓

醬油拉麵所使用的醬汁以小豆島的山六醬油為主，另外混合其他4種不同的濃味醬油，以及日本鰻魚乾和日高昆布高湯。紮實的醬油味緊緊鎖住魚貝高湯的鮮味，有種吃蕎麥麵或烏龍麵的感覺，因此加了一些豬油以增加拉麵風味。製作麵條的小麥麵粉由三重產的準高筋麵粉和內含部分麩質的北海道產的二等粉混合而成。二等粉帶有濃郁香氣，但加太多吃起來會乾巴巴，所以另外混合一些蛋白粉以增加麵條的滑順感。特製餛飩麵裡有3顆蝦餛飩、2片豬肉叉燒肉、1片雞肉叉燒肉和一顆溏心蛋。

配合每週變更的限定版拉麵，餛飩口味也會跟著改變。使用當季食材，製作獨具個性的餛飩。採訪當天的餛飩內陷是雞絞肉、鯛魚、大蒜和百里香泥。

■ 魚乾拌麵 820日圓

魚乾拌麵的麵體為16號麵刀（1.88mm麵寬）切條的中細麵。店裡重視滑順、Q潤口感，使用澳洲產「特硬麥中筋麵粉」為主的國外麵粉製作麵條，加水率38％，一碗拉麵的麵體約180g。魚乾拌麵的醬汁為豬背骨高湯加濃味醬油、三溫糖調製而成的醬油醬汁。先將麵體盛裝於碗裡，接著加入豬油、充滿魚乾風味的魚乾油攪拌在一起。配料包含雞和豬的叉燒肉各一片、筍乾、洋蔥粒、青蔥、碎海苔片。上桌前再拌入柚子塔巴斯哥辣椒醬，酸味和辣味重量出擊，一次享受兩種截然不同的美味。

魚貝湯頭

相比於動物類食材，魚貝類的成本較高，但處理起來比較不花時間，能夠迅速搞定前置作業，因此店裡主要使用乾物類製作魚貝湯頭。以鰹節為主的話，費用不高又適合搭配各種食材，有助於降低開店成本。呈現多樣化的豐富味道也是吸引客人上門的優點之一。食譜方面特別精心鑽研，只要確實遵照食譜的用量、時間和溫度，任何人都能做出一樣的味道。

─────【 材料 】─────

日本鯷魚乾、日高昆布、混合柴魚節（鰹節、鯖節、脂眼鯡節、飛魚節）、π水

1 日本鯷魚乾和日高昆布浸泡水裡1晚出汁備用。

2 深鍋裡放一個有深度的熬湯篩網，倒入日本鯷魚乾和日高昆布高湯。添加足夠的水，蓋上鍋蓋以大火加熱。

翠綠麵條一舉成名！
限量供應仍舊大受歡迎

添加綠蟲藻粉的綠色健康麵條一推出立刻成為大家熱烈討論的話題，前來嚐鮮的客人也絡繹不絕。店裡完全不使用化學調味料，只用魚貝高湯熬煮湯頭，另外，宛如咖啡廳般的時尚裝潢，更是受到不少女性客人愛戴。最近新推出的每週變更限定拉麵和限定飯食同樣蔚為話題。「現代人的熱度難以持久，要大家一直吃同一種味道其實非常困難」，因此店裡每逢星期六、日、一，必定會推出不同於平日菜單的限定版餐點。Twitter和Instagram等社群網站會隨時更新最新消息，方便客人上門嚐鮮。目前Twitter追蹤人數已達3000人，Instagram也有1000人左右。

▶『六感堂』的湯頭製作流程

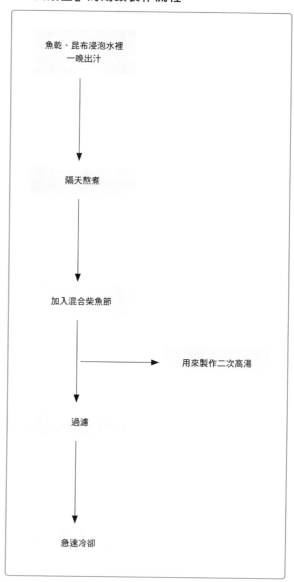

魚乾、昆布浸泡水裡
一晚出汁

↓

隔天熬煮

↓

加入混合柴魚節

→ 用來製作二次高湯

↓

過濾

↓

急速冷卻

90

5 在錐形篩中鋪一張廚房紙巾，過濾湯頭。

6 連同鍋子置於冰水中急速冷卻，然後放入冷藏室保存。客人點餐後，再用單手鍋取所需要的分量加熱。

3 熬煮30分鐘左右，溫度達85～90℃後，火侯調小並放入混合柴魚節。熬煮過程中不要撈取浮渣。

4 放入混合柴魚節的8分鐘後，拿起熬湯篩網。稍微傾斜篩網以利食材間的湯汁滴乾。

3 在錐形篩中鋪一張廚房紙巾,過濾湯頭。連同鍋子置於冰塊水中急速冷卻,然後放入冷藏室保存。

二次高湯

使用過濾後的食材製作二次高湯,可用於炊飯或限定版餐點的燙拌青菜、日式煮上。製作擔擔麵的胡麻醬汁時,也可以用二次高湯取代水,用途十分廣泛。

————————【 材料 】————————
過濾魚貝湯頭後的剩餘食材(日本鯷魚乾、日高昆布、混合柴魚節)

1 在過濾後剩下的食材裡加水。

2 以70℃熬煮30分鐘後關火,拿起熬湯篩網。

3 將雞胸肉放入事先加熱至55～60℃的沙拉油中。油封烹調40分鐘，過程中隨時留意溫度。

4 隨時改變雞胸肉的位置，翻面使其均勻受熱。

5 稍微放涼後，放入冷藏室中保存。剛煮好時太軟不容易切成片，冷藏一晚後再使用。

雞叉燒肉

與其用隔水加熱法，選擇能夠維持穩定溫度的油封烹調法。注意雞肉放入鍋裡時，不要重疊在一起，這樣雞肉才能均勻受熱。處理完雞肉後再處理豬肉，這樣比較有效率。

─────【 材料 】─────

雞胸肉、鹽味叉燒肉醬汁（豬背骨、水、大蒜、朝天椒、三溫糖、蒙古岩鹽、沖繩海鹽等4種鹽、調味醋）、沙拉油

1 去除雞胸肉的皮和筋並清洗乾淨。

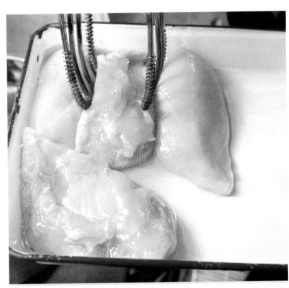

2 浸泡在鹽味叉燒醬汁裡，然後放進冷藏室60分鐘左右，等待雞肉入味。

4 頻繁變動豬肉的位置並勤翻面，讓豬肉能夠均勻受熱。

5 稍微放涼後放入冷藏室中保存。剛煮好時太軟不容易切片，冷藏一晚後再使用。

豬梅花叉燒肉

為了避免食物中毒，務必將豬肉加熱至中心部位達75℃左右。然而溫度一旦超過68℃，會因為蛋白質凝固而導致肉質變硬，所以加熱時務必特別留意，盡量兼顧這兩點。

────────【 材料 】────────

豬梅花肉、鹽味叉燒肉醬汁（豬背骨、水、大蒜、朝天椒、三溫糖、蒙古岩鹽・沖繩海鹽等4種鹽、調味醋）、沙拉油

1 將豬梅花肉對半切成長塊狀，用線綑綁好。

2 浸漬在鹽味叉燒肉醬汁裡，放入冷藏室90分鐘左右，讓豬五花肉充分入味。

3 沙拉油加熱至65～75℃，接著放入豬五花肉，以油封烹調方式煮60分鐘。

麵體

乾拌麵的麵體為16號麵刀（1.88mm麵寬）切條的寬麵。綠麵條部分是10kg的麵粉搭配100g的綠蟲藻粉 製作成漂亮的翠綠色麵條。
鹽味拉麵的麵體則使用 22 號麵刀（1.36mm麵寬）切條。麵粉裡加入少許麩質，所以格外充滿香氣。

乾拌麵的麵條

綠麵條

鹽味拉麵的麵條

醬油醬汁

混合4種不同的醬油，味道濃郁且有深度，醬油風味格外明顯。高湯素材包含日本鰹魚乾和日高昆布。

鹽味醬汁

混合蒙古岩鹽、沖繩海鹽等4種不同的鹽，再加入櫻桃寶石簾蛤、真鯛（去掉主要魚肉的部分）、日高昆布、日本鰹魚乾，製作鮮甜的高湯風味醬汁。

乾拌麵用醬汁

以豬背骨為基底的高湯，加入濃味醬油、三溫糖，製作成帶有甜味的醬油醬汁。醬油味比較淡，所以不另外添加味醂。

六真鯛らーめん 麺魚

■地址：東京都墨田区江東橋 2-8-8 パークサイドマンション 1F
■電話：03-6659-9619
■營業時間：11 時〜 21 時
■公休日：全年無休

■ 真鯛拉麵＋雜炊套餐 1090日圓

在碗裡倒入真鯛魚中骨和魚肉所熬煮的湯頭、鯛魚油和鹽。不使用醬汁，只透過鹽巴來突顯鯛魚入口時的衝擊性美味。由於海鹽帶苦味且鹹味強烈，所以另外混合帶甜味、比較不鹹的 2 種岩鹽。100％真鯛熬煮的湯頭搭配清爽香氣的柚子泥、炙燒鯛魚碎肉、溏心蛋和帶有燻烤香味的豬梅花叉燒肉等配料，多樣化香氣與美味總是讓客人開心地將麵湯喝得一滴也不剩。除此之外，為了讓客人盡情享用美味的湯，店裡特別推出搭配雜炊的組合套餐，目前約有1/3的客人會特別指定要組合套餐。將飯倒入剩下的麵湯裡，享受不同於吃麵的另外一種美味。

先將溏心蛋浸在真鯛拉麵的湯頭裡，
用櫻花木片燻烤後，再將湯注入蛋裡
面。

■ 特製濃厚真鯛拉麵 1210日圓

以真鯛（去掉主要魚肉的部分）熬煮的濃郁鮮味和膠原蛋白為基底，搭配熬煮雞腳後的黏稠與紮實感，讓湯頭更具豐富口感。在真鯛拉麵所使用的2種鹽和鯛魚油中，另外加入壺底醬油製作醬汁，不僅將湯頭的美味緊緊鎖住，更因為醬油的鮮味讓整碗湯的味道更多樣化。麵體為中粗直麵條，使用充滿香氣的全麥麵粉製作而成。使用和真鯛拉麵一樣的麵帶，但切條後的麵條寬度較粗，口感完全不輸豐富美味的湯頭。所謂「特製」，是另外追加船橋產的海苔和使用真鯛拉麵的湯頭燻製的溏心蛋作為配料，以櫻花木片燻烤的叉燒肉也加倍，讓大家吃得好又吃得飽。

■ 真鯛沾麵 870日圓

沾醬以真鯛拉麵的湯頭為主，另外加入2種岩鹽、帶香氣的壺底醬油、鯛魚油混合製作而成。為了突顯真鯛的鮮味，一概不使用帶有甜味與酸味的調味料。沾醬裡有炙燒真鯛碎魚肉、柚子泥和青蔥，麵體上則有煙燻叉燒肉片。柚子來自大分縣農家，都是當季最新鮮的。柚子泥溶在湯裡，瞬間變得清新爽口。麵體和濃厚真鯛拉麵一樣，都是使用14號麵刀（2.14mm麵寬）切條的中粗麵。使用全麥麵粉製作麵條，格外充滿濃郁香氣。一碗拉麵的麵體分量約200g。店裡也即將推出以真鯛和雞腳熬煮成濃郁沾醬的濃厚真鯛沾麵。

熬煮真鯛拉麵用的湯頭時，將表面的油撈出來作為風味油使用。

濃厚真鯛拉麵的湯頭

只用去掉魚肉的真鯛部分去熬煮的話,黏稠度稍嫌不足,所以加入雞腳一起煮,湯頭口感會更加滑潤順口。直接熬煮去掉魚肉的真鯛會有臭腥味,最好先用熱水燙一下或烤一下,有助於去除臭腥味。並於作業之前先切除會產生臭味的魚鰓。另外,就算事前經過去血水處理,殘留在眼睛裡的血還是會溶入湯裡而造成臭腥味,所以熬煮過程中必須添加一些調味蔬菜。

──────【 材料 】──────

雞腳、真鯛(去掉主要魚肉的部分)、大蒜、生薑

1 將雞腳浸泡在水裡去血水。放入裝好水的深鍋裡,以大火煮沸並撈除浮渣。

2 將真鯛(去掉主要魚肉的部分)浸泡在水裡去血水。魚鰓會造成腥臭味,必須事先去除備用。

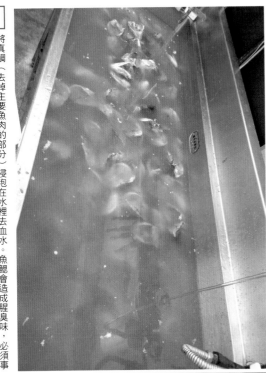

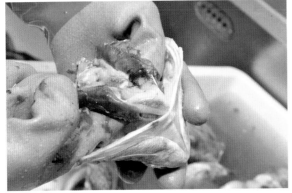

1天賣出600碗的路面店!
蔚為話題的真鯛拉麵

店裡全面推出真鯛相關拉麵後,一舉成為人氣夯店。除了將碎鯛魚肉和真鯛熬煮的湯頭注入其中的溏心蛋,叉燒肉也全都以鯛魚製作。過去的店面只有8坪,8個座位,營業時間為11時~16時,一天大概可以賣出200碗,後來搬到現在的店鋪,不僅空間變大成25坪,座位也增加至16個。所有的事前準備工作移至中央廚房統一處理,營業時間也改成11時~21時,平日一天可以賣出450~600碗,假日則高達600碗,生意明顯變好。店面開在車站前的大型商業大樓一樓,成了最足以代表錦糸町的拉麵名店。為了不與同體系的拉麵店互搶客人,店裡開始積極開發特有的限定菜單。

▶『麵魚』的湯頭製作流程

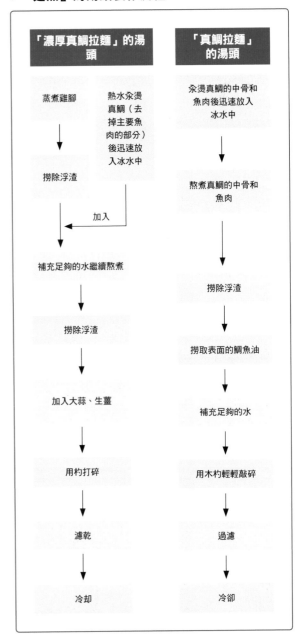

5 沸騰前打開鍋蓋並撈除浮渣。

6 不再產生浮渣後，加入削皮且對半切的生薑，再次蓋上鍋蓋，以大火熬煮30分鐘。

7 打開鍋蓋，以木杓將食材敲碎。最初每隔15分鐘輕敲一次，濃度變高時改為每隔5分鐘輕敲一次，調整火侯讓雞腳和真鯛的膠質乳化。這樣的作業持續2小時30分鐘左右。

3 用熱水汆燙真鯛（去掉主要魚肉的部分）後迅速放入冰水中，去除黏液、髒汙和腥臭味。汆燙後的熱水全部倒掉。

4 將處理好的真鯛（去掉主要魚肉的部分）倒入 ① 的深鍋裡。加水（不蓋過食材）後蓋上鍋蓋，以大火加熱。

9 為了徹底殺菌,將過濾好的湯頭再次煮沸。沸騰後關火並使用篩網再次過濾。

10 連同鍋子放入冷水中冷卻。溫度降至20℃以下後放入冷藏室一晚,於隔天之後再使用。

8 將湯裡的食材裝入尼龍製袋子裡,使用機器邊擠壓邊過濾。

2 　用熱水汆燙真鯛的魚肉部分後迅速放入冰水中。汆燙後的熱水
全部倒掉。

3 　深鍋裡裝水，倒入汆燙後冰鎮的真鯛魚中骨，並將真鯛魚肉鋪
在最上面。水不用多到蓋過食材。蓋上鍋蓋並以大火加熱。

4 　沸騰前打開鍋蓋並調為中火，用木杓輕敲魚中骨。魚中骨裂開
後會產生浮渣，務必將浮渣清除乾淨。

真鯛拉麵的湯頭

將前一晚8點之前還活生生的新鮮真鯛於隔天早上熬煮
成湯頭。湯頭的食材就只有鯛魚，為了避免喝湯時過於
單調，會使用大量真鯛以突顯並強調鯛魚的鮮味。取魚
中骨和帶有脂肪的魚肉部分來熬煮湯頭，並且選用作為
生魚片也夠新鮮美味的真鯛來煮湯。200kg的魚中骨，
約莫可以熬出500碗湯頭。

───────────【 材料 】───────────

真鯛的中骨、真鯛魚肉（脂肪多的魚腹部位）、大蒜、生薑

1 　用熱水汆燙真鯛魚中骨後迅速放入冰水中，去除黏液、髒汙和
腥臭味。汆燙後的熱水全部倒掉。

102

炙燒真鯛碎肉

在充滿濃郁真鯛鮮味的湯裡,加入更顯 "鯛魚感" 的真鯛碎肉。先用煎烤鍋煮熟真鯛,再用瓦斯噴槍進行炙燒處理。燒烤香氣為湯頭增添畫龍點睛的效果。

───── 【 材料 】 ─────

真鯛魚肉部分、精製鹽

1 在真鯛魚肉部分撒鹽。

2 放入煎烤鍋中,蓋上鍋蓋加熱。

5 以中火持續熬煮2個小時,關火後約莫10分鐘,湯的表面會形成一層油脂,用湯杓將油脂撈乾淨以作為鯛油使用。

6 加水後再次以大火加熱,同樣於沸騰後調為中火。用木杓輕敲魚中骨,大約1個半小時就能完成高湯。過濾後就是拉麵的湯頭。

7 連同鍋子放入冷水中冷卻,稍微涼了之後放入冷藏室,於隔天之後再使用。

Smoke叉燒肉

先用精製鹽和黑胡椒調味豬梅花肉，再以低溫烹調法處理，最後再進行煙燻處理。先切片再煙燻，會因為接觸面積變大而使肉片整體都充滿煙燻香氣。

──────── 【 材料 】 ────────

豬梅花肉、精緻鹽、粗粒黑胡椒

1 在日本國產豬梅花肉上撒上精製鹽和粗顆粒黑胡椒，真空處理後放進冷藏室等待入味，至少8小時以上。

2 用60℃的熱水加熱4小時30分鐘。

3 蒸煮過程中幫魚肉翻面並換個位置，讓整體均勻上色。適時調整火侯以避免魚肉燒焦。

4 完成後用手將魚肉撕成小碎片，仔細挑出小魚刺。

5 作為配料盛裝在碗裡之前，再用瓦斯噴槍炙燒一下。

清燙日本油菜

西船橋產地直送的日本油菜。鯛魚拉麵使用口感清脆的菜梗部分，濃厚真鯛拉麵則使用能夠沾附濃郁湯汁的葉菜部分。

麵體

北海道產小麥麵粉和10%的石臼研磨北海道全麥麵粉混合在一起製作成麵條。真鯛拉麵的麵體為18號麵刀（1.67 mm麵寬）薄切的角狀直麵，濃厚真鯛拉麵的麵體則為14號麵刀（2.14 mm麵寬）切條的角狀直麵（左）。

3　放入冷水中充分冷卻。冷了之後再次放進冷藏室，於隔天之後再使用。

4　隔天早上切成2mm厚的片狀，再放進冷藏室一晚。

5　營業前用山毛櫸片和櫻花木片煙燻2小時30分鐘。

6　肉片放在麵體頂端，用瓦斯噴槍炙燒一下表面。上層炙燒、中間半熟、下層浸在熱湯裡，一次享用三種不同口感與味道的叉燒肉。

らーめん ねいろ屋

■地址：東京都杉並区天沼 3-6-24　■電話：03-6915-1236
■營業時間：平日 11 時 30 分～15 時、18 時～20 時。星期六日、節日 11 時 30 分～18 時（15 時～16 時
　為休息時間）※ 此時段僅供應刨冰：平日 14 時～15 時、18 時～20 時。星期六日、節日 16 時～18 時
■公休日：火曜日

■ 瀨戶內醬油拉麵（特製配料）1100日圓

雞湯不另外混合其他多餘食材，只用加了雞頭一起熬煮的魚乾湯頭。為了搭配青背魚的風味，醬油醬汁裡只放玉筋魚魚露，有助於突顯湯頭的獨特鮮味。雖然湯頭裡有不同食材的味道，但以獨具特色的魚露味道為主軸，令人留下深刻印象。湯頭裡加點雞油，增添拉麵特有的溫醇口感。所謂特製配料，包含 2 片豬五花叉燒肉、1 片豬梅花叉燒肉、1 片低溫烹調的雞胸肉，以及瀨戶內海產的海苔和溏心蛋，用料相當豐富，看起來豪華感十足。店裡使用的豬肉是來自花卷市的白金豬，肉質鮮甜，毫不吝嗇地厚厚一片，滿足客人的口腹之慾。溏心蛋使用的是讚岐交趾雞的雞蛋，並以鰹魚本枯節和壺底白醬油熬煮，充滿高尚的美味與口感。

■ 土雞vs魚乾鹽味拉麵 950日圓

以1：1的比例混合雞湯和魚乾湯，並另外添加雞油和鹽味醬汁調製而成。每300㎖的湯頭裡添加15㎖的雞油，但炎熱夏季裡為了讓湯頭更具清爽口感，減量為10㎖。鹽味醬汁裡加了小卷乾和小卷魚露，有別於平凡的醬油醬汁，獨具特別風味。麵體為22號麵刀（1.36mm麵寬）切條的細直麵。店長松浦克貴先生不喜歡湯裡有麵條的味道，因此使用麵粉氣味較淡薄的麵體以突顯湯頭的鮮美。另外，考量客人可能有食物過敏的問題，拉麵裡不放溏心蛋，調味料方面也盡量選用不含釀造酒精的品牌。為了增加不突兀的甜味，特地選用愛媛縣西條市產的青蔥。從種種細節中都看得到店長對食材的執著與用心。

■ 濃厚土雞拉麵 1100日圓

拉麵的湯頭為雞白湯,在雞脖子、雞腳、全雞的二次高湯食材裡加入大量雞頭熬煮而成。比起利用油脂乳化成白色,店裡是透過搗碎食材的方式讓湯頭變白濁,因此鮮味較為強烈,但濃度並不高。如果只是淺嚐一口,無法立即喝到醬汁的鮮甜美味,為了解決這個問題,特地在「土雞vs魚乾鹽味拉麵」所使用的鹽味醬汁中,以2:3的比例添加味道圓潤的「大桂商店」(長野縣上田市)的味噌塊。店長松浦先生表示「只有鹽味醬汁的話,味道稍嫌太清淡,似乎少了些什麼」。要在碗裡放入多少雞油,視當時湯頭的油脂狀態而定。一碗270mℓ的湯,最多使用10mℓ的雞油。有時甚至完全不放雞油。

女峰草莓牛奶刨冰 950日圓

女峰草莓牛奶刨冰是店裡的招牌刨冰,使用帶有酸味且充滿水果風味的草莓醬,搭配牛奶、砂糖、水飴、脫脂奶粉製作而成。淋醬所使用的女峰草莓,採收於酸味最強烈的5、6月,並以最少量的砂糖製成草莓醬。基於「吃完拉麵後稍微降溫一下」的理由,店裡的刨冰溫度比一般市售刨冰還要低。

魚乾湯頭

以鰹魚為主軸的食材熬湯容易導致味道過於單一，所以只用少量的高級本枯厚切鰹節來提鮮。竹筴魚和白帶魚的味道都很高尚，組合在一起更添味道的厚度與深度。食材殘渣易造成湯頭不耐保存，務必使用細網格的篩網徹底過濾。

----------【 材料 】----------

竹筴魚乾、日本鯷魚乾、白帶魚乾、真昆布、雞頭（愛媛土雞）、本枯厚切鰹節、純水

1 將魚貝高湯食材（竹筴魚乾、日本鯷魚乾、白帶魚乾、真昆布）泡在水裡一晚出汁。

2 用流動清水清洗雞頭後放入壓力鍋裡。在加壓狀態下熬煮45分鐘，關火後靜置15分鐘。

嚴選素材製作的拉麵與刨冰深受好評

以店長的故鄉瀨戶內產的食材為主，搭配來自全國的嚴選美味食材，精心烹調無化學調味料的拉麵。巧妙組合檸檬、魚醬、辛香料等各具特性的素材和調味料，製作出其他地方絕對吃不到的原創美味拉麵。2012年開幕之初，便同步推出當時還算是稀奇的"刨冰"。使用新鮮水果親手調製淋醬和糖漿，當初還以"賣刨冰的拉麵專賣店"的先驅模式而引起眾人廣泛討論。不僅刨冰有季節性，店長也十分重視拉麵食材的季節感，就算是同樣的菜單，食譜和食材也都有冬夏季之分。「沒有一道餐點的味道是終年不變」也是對食材極為講究的本店特色之一。

▶ 『ねいろ屋』的雞頭魚乾湯製作流程

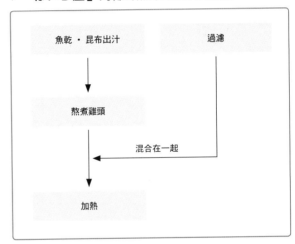

▶ 『ねいろ屋』的雞湯製作流程

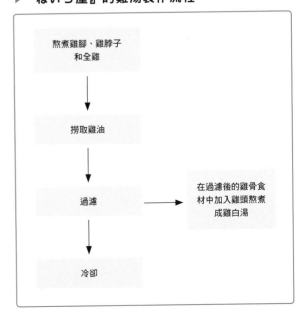

雞湯頭

基於「難以從雞骨部分萃取具有鮮味的高湯」，所以多用雞肉和含有膠質的部位。然而長時間熬煮容易流失風味，所以盡可能縮短熬湯的時間。另外也基於「洗滌會造成風味流失」，所以前置作業中都不刻意清洗食材。湯頭經冷藏・冷凍後，味道會更加紮實。

─────【 材料 】─────

雞腳（軟骨、附關節的）、全雞、雞脖子（去掉雞脖子肉）、純水

1 稍微沖一下雞腳就好。雞腳部位比較沒有腥臭味，不需要事先汆燙。為了避免全雞的鮮味流失，千萬不要用強力水柱沖洗，並且用菜刀切除內臟。全雞同樣不需要事先汆燙。

3 以大火加熱①的魚貝高湯食材，溫度達94℃後，加入本枯厚切鰹節，並調為小火。

4 維持94℃的溫度，以小火繼續熬煮2小時。大約1小時後，先加入②的雞頭。注意不要讓湯汁沸騰。

5 使用篩網過濾湯頭，過濾時勿用器具用力擠壓食材。連同鍋子置於水中冷卻後放進冷藏室保存。於隔天之後再使用。

3 以大火加熱至沸騰。沸騰後調為中火,繼續熬煮2小時。留意不要讓整鍋湯變成白濁狀。

4 撈除表面浮渣,盡量不要碰到食材,否則湯汁容易呈白濁狀。

2 將膠質多且不易出味的雞腳置於深鍋鍋底,上面依序放入雞脖子、全雞,最後倒入純水。

▶『ねいろ屋』的鹽味醬汁製作流程

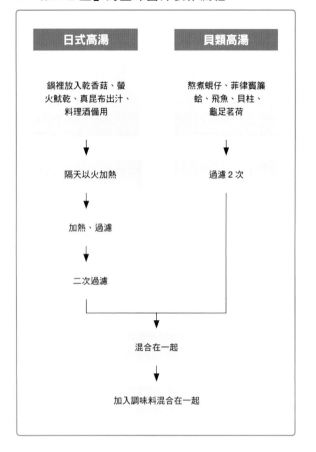

日式高湯	貝類高湯
鍋裡放入乾香菇、螢火魷乾、真昆布出汁、料理酒備用	熬煮蜆仔、菲律賓簾蛤、飛魚、貝柱、龜足茗荷
↓	↓
隔天以火加熱	過濾2次
↓	
加熱、過濾	
↓	
二次過濾	

混合在一起

↓

加入調味料混合在一起

5 雞油會浮在表面，用湯匙撈乾淨。雞油帶有腥臭味，不單獨使用，而是作為雞白湯的材料。

6 使用篩網過濾。

7 連同鍋子用冷水急速冷卻後，放進冷藏室裡保存。於隔天之後再使用。

3 先加不易溶解的鹽，然後加入醋、烏賊魚露、壺底白醬油和梅醋。

4 將酒精徹底揮發後的①味醂也加進去。於隔天之後再使用。

鹽味醬汁

將以螢火魷乾為主的日式高湯和龜足茗荷（海水甲殼生物）等熬煮的貝類高湯混合在一起。由於各自熬出鮮味的所需時間不同，請個別處理後再混合在一起。選擇螢火魷是因為味道較其他種類的烏賊容易辨識，再加上面積大，不需要煮太久就能萃取精華高湯。至於貝類高湯，因為干貝價位太高而改用大量冷凍貝類以增添鮮味。冷凍貝類在細胞遭到破壞後會更容易萃取菁華，所以不解凍直接放入鍋裡熬煮。使用茨城縣涸沼產的蜆仔、愛媛縣宇和島產的龜足茗荷，所有食材都是嚴選自全國各地，最後再加入大量味醂，但考慮到會有兒童用餐的情況，熬煮過程中務必讓酒精完全蒸發。

——————【 材料 】——————

味醂（小笠原味醂）、日式高湯、貝類高湯、鹽（土佐的海之天日鹽）、醋（純米富士醋）、烏賊魚露（能登烏賊魚露）、壺底白醬油（足助三河壺底白醬油）、梅醋（和歌山南高梅農家自製梅醋）

1 加熱味醂，務必使酒精完全揮發。

2 將剛煮好的日式高湯（P114）與貝類高湯（115）趁熱混合在一起。

3 沸騰後掀開鍋蓋並調為小火。在沸騰狀態下繼續熬煮1個小時。水分剩下一半左右時，再次蓋上鍋蓋並調為最小火。在幾乎快沸騰的狀態下繼續熬煮2個小時。

4 過濾時用力擠壓食材。

5 用細網格篩網再過濾一次。

鹽味醬汁的日式高湯

─────【 材料 】─────

乾香菇、螢火魷乾、真昆布、料理酒、純水

1 乾香菇、螢火魷乾、真昆布浸泡在水裡24小時備用。料理酒也一併倒進去，讓酒精完全揮發。

2 鍋內放一個內蓋後再蓋上鍋蓋。以大火熬煮，讓溫度慢慢上升。

雞油

──【 材料 】──

雞內臟脂肪、純水

1 雞內臟脂肪自然解凍備用。解凍後放入鍋裡,加入少量的水,以中火加熱。當水分煮乾,感覺有點沸騰時,油脂應該也變清澈了。

2 為了避免氧化,盡快以流動的水急速冷卻。冷卻後放進冷藏室裡保存。

鹽味醬汁的貝類高湯

──【 材料 】──

蜆仔、菲律賓簾蛤、凹珠母蛤的貝柱、龜足茗荷、純水

1 將蜆仔、菲律賓簾蛤、凹珠母蛤的貝柱、龜足茗荷放入深鍋裡並裝水。冷凍貝類直接放入鍋裡熬煮。

2 以大火加熱至沸騰,之後維持95~98℃的溫度繼續熬煮2個半小時。熬煮過程中要偶爾翻動一下食材。

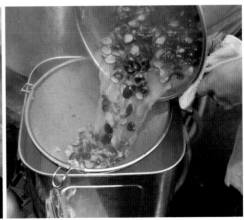

3 關火後用篩網先過濾一次,然後用細網格篩網再次過濾沙子等雜質。

1 用木杓將過濾成雞湯所剩下的食材搗碎備用。加入使用壓力鍋煮軟的雞頭，混合在一起後再次搗碎。

7 加入熬煮雞湯時撈起來的雞油和少量的水，以大火加熱。為了加速取得食材裡的菁華，邊煮邊繼續搗碎鍋內食材。沸騰後調為小火，繼續熬煮2小時，過程中不斷攪拌。

雞白湯

在過濾成雞湯（P111）所剩下來的食材（雞脖子、雞腳、全雞）中加入大量雞頭，熬煮成雞白湯。全雞使用的是體型大且肉多的九州產種雞，雞脖子部分就算切掉雞頸肉，還留有不少肉在上面，適合繼續用來熬煮二次高湯。雞頭煮久了會變黏稠，再加上鮮味使湯頭變白濁狀。長時間熬煮雖然能使湯頭變得更濃郁，但食材本身的味道會逐漸流失。店裡比較重視食材本身的鮮味且湯頭乳化過度易導致食材美味流失，所以熬煮時間控制在2小時就好，比起濃郁，更講究鮮味。

【 材料 】

過濾成雞湯所剩下的高湯食材（雞脖子、雞腳、全雞）、雞頭、熬煮雞湯時撈起來的雞油

▶ 『ねいろ屋』的雞白湯製作流程

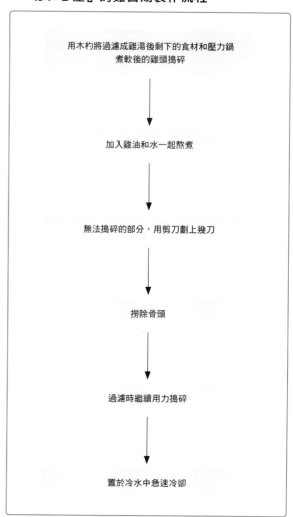

用木杓將過濾成雞湯後剩下的食材和壓力鍋煮軟後的雞頭搗碎

↓

加入雞油和水一起熬煮

↓

無法搗碎的部分，用剪刀劃上幾刀

↓

撈除骨頭

↓

過濾時繼續用力搗碎

↓

置於冷水中急速冷卻

5 使用錐形篩過濾，過濾時用力擠壓食材。為了讓湯頭更濃郁，完成過濾之前都不要關火。

6 將過濾後的湯連同鍋子一起置於冷水中急速冷卻，並放入冷藏室保存。於隔天之後再使用。

3 無法用木杓搗碎的部分則用剪刀劃上幾刀，方便木杓搗碎。

4 移除無法再萃取高湯菁華的骨架。

陽はまたのぼる

■地址：東京都足立区綾瀬 2-1-4
■電話：03-6231-2040
■營業時間：11 時 30 分～ 14 時 30 分、18 時～ 21 時。星期六日、國定假日、
節日 11 時 30 分～ 14 時 30 分（湯頭賣完即歇業）
■公休日：星期二、星期三

■ **魚乾拉麵** 850日圓

比起濃厚魚乾拉麵（P120），魚乾拉麵比較清爽，屬於淡麗系拉麵。湯頭的主要食材為日本鯷魚
乾（黑背），於不同時間點分批加入 4 種不同烘烤程度的魚乾，熬出來的湯充滿濃濃魚乾鮮味。拉
麵使用的醬汁由醬油醬汁和鹽味醬汁混合而成，另外以豬油作為風味油。配料包含豬梅花叉燒肉
和日本油菜。麵體為 22 號麵刀（1.36mm麵寬）切條的多加水直麵。

7 用細網格的篩網過濾。過濾時勿擠壓食材，才能保持湯頭的清澈。過濾後剩下的魚乾也倒入深鍋裡，用於熬煮濃厚湯頭基底。

4 將10cm大小，稍微高級一點的日本鯷魚乾（黑背）和飛魚乾放入深鍋裡。飛魚乾盡量挑選形狀完整的。在深鍋裡放一個篩網，過濾 3 的湯汁。過濾後剩下的魚乾放入深鍋裡，用於熬煮濃厚湯頭基底。

8 將過濾後的湯頭連同鍋子浸在水裡冷卻。每天製作「淡麗系」魚乾湯頭，晚上用的「淡麗系」魚乾湯頭則從魚乾泡水出汁開始做起。使用自來水浸泡魚乾。

5 小火加熱 4 的深鍋，並加入炙烤小卷乾。

6 最後再追加4尾大尺寸的日本鯷魚乾，並且關火。

分階段熬煮日本鯷魚乾，增添濃郁鮮味

雖然主要食材為日本鯷魚乾（黑背），但於不同時間點分批加入未烘烤、稍微烘烤、正常烘烤和大尺寸的4種日本鯷魚乾一起熬煮，最後的成品充滿強烈的魚乾鮮味。混拌或過濾時都不要擠壓食材，這樣才能保留最單純的風味。要熬煮60碗的湯頭，必須使用6.2kg左右的魚乾。

「魚乾拉麵」的湯頭

———【 材料 】———

4種日本鯷魚乾（黑背）、飛魚乾、小卷乾、大尺寸日本鯷魚乾（黑背）

1 魚乾泡水6小時以上，風味會逐漸流失，所以營業當天早上才開始準備中午用的湯頭，這時候直接將魚乾倒入鍋裡煮，不再另外泡水出汁。先將未烘烤、稍微烘烤、正常烘烤的3種千葉產日本鯷魚乾（黑背）倒入深鍋裡熬煮。

2 先開大火，沸騰後再調為中火。開始有香味後，關火用餘熱燜煮。

3 差不多30分鐘，等魚乾沉澱後就可以開始過濾。

■ 濃厚魚乾拉麵 900日圓 ＋厚切豬肉（1片）200日圓

和魚乾拉麵在味道上有明顯差異的濃厚魚乾拉麵。動物系湯汁裡加入魚乾一起熬煮，之後再追加過濾成清淡魚乾湯頭所剩下的魚乾。魚乾略有苦味，鹹度也比較高，但帶有一絲淡淡的甜味。這是基於將魚乾鮮味濃縮成塊的概念所製作出來的湯頭。麵體為使用20號麵刀（1.50㎜麵寬）切條的低加水直麵。麵裡的厚切豬五花叉燒肉為單點品項，於客人點餐後才切成厚片狀。

魚乾油與醬油醬汁

用於魚乾拉麵、濃厚魚乾拉麵的魚乾油，是用豬油熬煮日本鯷魚乾（白口）所製作而成的。而用於鹽味魚乾拉麵的魚乾油則另外用白絞油熬煮。醬油醬汁方面，使用2種醬油和魚乾、柴魚節、小卷乾、乾香菇製作而成。將醬油醬汁和鹽味醬汁混合在一起，用於製作魚乾拉麵和濃厚魚乾拉麵。

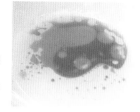

▓ 鹽味魚乾拉麵 850日圓

鹽味魚乾拉麵使用的湯頭、麵條都和魚乾拉麵相同，不同之處在於醬汁，
這裡所使用的是昆布、乾香菇、魚乾、柴魚節高湯製作而成的鹽味醬汁。
另外，以白絞油熬煮的魚乾油搭配加了青紫蘇的紫蘇魚乾油作為風味油。
清爽的口感和使用醬油醬汁的魚乾拉麵截然不同。為了突顯香氣，於麵體
和湯汁都盛碗後再淋上風味油，最後再以花穗紫蘇作為點綴。

鹽味醬汁

使用3種鹽和昆布、乾香
菇、2種魚乾、2種柴魚節
製作而成。

6 | 使用篩網過濾，過濾時用鍋底擠壓食材。

7 | 連同鍋子放在冷水中冷卻，然後放入冷凍庫裡保存。湯頭基底2天製作1次。

3 | 接著放入過濾成濃厚魚乾拉麵用湯頭所剩下來的魚乾。

4 | 再放入過濾成魚乾油所剩下來的魚乾繼續熬煮。開始有香味後，用力攪拌，並用木杓搗碎魚乾。

5 | 當浮在表面的油變成灰色且飄出香味後，就可以開始過濾。

不加蔬菜，只以豬骨和魚乾熬煮湯底！

在動物系湯汁裡添加過濾成清淡魚乾湯頭所剩下來的魚乾熬煮成湯頭基底，另外再追加熬煮過剩下來的魚乾，熬煮成濃厚魚乾拉麵用的湯頭。要熬煮100碗動物系湯汁，必須使用15kg的雞腳、各10kg的雞架骨和背骨、3kg的雞油，而之後添加的魚乾也差不多有14kg之多。

「濃厚魚乾拉麵」的湯頭基底

──────【 材料 】──────

雞架骨、雞腳、豬背骨、雞油、過濾成魚乾拉麵用湯頭所剩下來的魚乾、過濾成濃厚魚乾拉麵用湯頭所剩下來的魚乾、過濾成魚乾油所剩下來的魚乾

1 | 熬煮雞腳、雞架骨、豬背骨和雞油。比較硬的骨頭鋪在鍋底，裝水後點火加熱。不添加任何蔬菜。

2 | 放入過濾成魚乾拉麵用湯頭所剩下來的魚乾，繼續熬煮。

麵體

濃厚魚乾拉麵的麵體（如照片所示）為20號麵刀（1.50mm麵寬）切條的低加水直麵。魚乾拉麵的麵體則為22號麵刀（1.36mm麵寬）切條的多加水直麵。加麵用的麵體會拌入豬油熬煮的魚乾油、醬油醬汁或鹽味醬汁。

3 使用篩網過濾，過濾時用鍋底擠壓食材。過濾後剩下來的魚乾放入要製作濃厚魚乾拉麵湯頭基底的深鍋裡。

4 再次使用細網格的篩網過濾後就大功告成了。準備1天50碗左右的分量。

添加熬煮過的魚乾，強調魚乾風味！

自冷凍庫取出結凍的濃厚魚乾拉麵的湯頭基底，加熱後再加入過濾後剩下來的魚乾，以進一步突顯魚乾風味。最後加入伊吹魚乾，讓整體的魚乾風味更溫醇。

「濃厚魚乾拉麵」湯頭

【 材料 】

「濃厚魚乾拉麵」的湯頭基底、3種日本鰮魚乾（黑背）、飛魚乾、日本鰮魚乾（白口）

1 加熱濃厚魚乾拉麵的湯頭基底，隨後加入3種日本鰮魚乾（黑背）和飛魚乾一起熬煮。形狀完整的飛魚乾用於熬煮魚乾拉麵的湯頭，搗碎後的則用於熬煮濃厚魚乾拉麵的湯頭。

2 開始有香味後，加入日本鰮魚乾（白口），調為小火繼續熬煮10～15分鐘後關火。

豬五花叉燒肉

【 材料 】

豬五花肉、2種醬油、砂糖

將煮好的豬五花肉醃漬在醬油和砂糖的醬汁中。厚切比薄切的豬五花叉燒肉來得美味，所以列為單點品項，於客人點餐後才切片處理。

半熟叉燒肉

【 材料 】

豬梅花肉、2種醬油、砂糖

醬油和砂糖放入鍋裡，加熱至70℃，接著放入豬梅花肉。蓋上內蓋，維持55℃的溫度熬煮6小時後取出豬梅花肉。醬汁不再加水以保持原味。所有品項的拉麵都會附上一片叉燒肉，於營業前再切片備用就好。

用於鹽味拉麵和冷麵，充滿紫蘇味的風味油

濃厚魚乾拉麵所使用的醬油醬汁裡摻有豬油熬煮的魚乾油，而鹽味魚乾拉麵、冷麵則以植物油熬煮的魚乾油混合青紫蘇做成的紫蘇魚乾油作為風味油。為了突顯香氣，於麵體和湯汁盛碗後再淋上去。

紫蘇魚乾油

【 材料 】

白絞油、日本鯷魚乾（白口）、青紫蘇

1　加熱白絞油，調為小火後加入魚乾，讓魚乾風味融入白絞油裡。

2　將青紫蘇切細碎，放入容器裡。將熱騰騰的魚乾油①過濾至裝有青紫蘇的容器中。過濾後剩下來的魚乾放入要熬煮濃厚魚乾拉麵用湯頭基底的深鍋裡。

麵家 獅子丸

■地址：愛知県名古屋市中村区亀島 2-1-1 東海道新幹線 清正公高架下
■電話：052-453-0440
■營業時間：星期一至星期六 11 時～14 時 30 分、17 時 30 分～22 時（LO.21 時
　45 分）。星期日、國定假日、節日 11 時～14 時 30 分、17 時～21 時 15 分（LO.21
　時）
■公休日：全年無休

■ 魚乾醬油拉麵 850日圓

精選飛魚、日本鯷魚（白口）、竹筴魚三種魚乾，重視不帶雜味的均衡鮮味，另外加入羅臼
昆布、鯖節、藍圓鰺節，熬煮出香氣與鮮味兼具的美味湯頭。活用醃漬豬五花叉燒肉的醬
汁作為醬油醬汁，風味油則以魚乾油為主。為了讓含有麩胺酸的昆布和含有肌苷酸的魚乾
彼此的鮮味能夠相輔相成，店裡使用自製的牛肝菌泥（含有鳥苷酸）作為配料。牛肝菌泥
溶在湯裡後，香醇的美味瞬間在口鼻間散開，普通的拉麵也跟著華麗變身。另外，配料中
的叉燒肉是低溫烹調的雞胸肉和豬梅花肉。

■ 獅子丸白湯拉麵 820日圓 ＋ 豐盛套餐 480日圓

先用壓力深鍋將雞架骨熬煮成白湯，再使用單手鍋以2：1的比例將白湯與魚乾湯混合在一起加熱，接著用攪拌機將熱湯打泡後盛裝在碗裡。魚乾湯不僅使白湯更溫和，也有助於打出綿密泡沫。白湯拉麵所使用的醬油醬汁、麵條都和魚乾醬油拉麵一樣。店裡自製麵條，使用日本國產全麥麵粉製作成中細寬麵。豐盛套餐包含烤牛肉、燉豬肉、溏心蛋和季節性點心，每天供應60份。拍攝當天的季節性點心是玉米牛奶凍。

2　加熱至60℃後，取出昆布。之後用這些昆布將豬梅花肉捲起來，低溫烹調成叉燒肉。

4　維持90℃繼續熬煮，約15分鐘後關火過濾。過濾時先在篩網裡鋪一層棉布。稍微輕輕擠壓食材就好，不要太用力，然後靜置一旁冷卻。

魚乾油

3　溫度達90℃後，加入脂眼鯡節、鯖魚和藍圓鰺的混合柴魚節。脂眼鯡節和混合柴魚節事先泡水15分鐘備用。

作為香味油使用。製作方法為用沙拉油熬煮魚乾粉、鯖節粉、飛魚乾粉。以120℃熬煮60分鐘左右。

重視鮮味、香味、甜味之間的均衡

過去曾經只用大量且尺寸較大的日本鯷魚乾（白口）熬煮湯頭，但為了降低苦味和雜味，並且重視鮮味、甜味和香味間的均衡，現在選用尺寸較小的魚乾，並且改變烹調方式。拍攝當天使用的是瀨戶內產的竹筴魚乾和日本鯷魚乾、長崎產的飛魚乾和脂眼鯡節、枕崎產的鯖節和藍圓鰺節。這裡的柴魚節是用來補強香味。魚乾湯和白湯的比例是1：2，作為「獅子丸白湯拉麵」的湯頭。

魚乾湯

──────【 材料 】──────

飛魚乾、日本鯷魚乾（白口）、竹筴魚乾、羅臼昆布、脂眼鯡節、鯖魚和藍圓鰺的混合柴魚節

1　前一天先將羅臼昆布、飛魚乾、日本鯷魚乾、竹筴魚乾泡水出汁，隔天早上再加熱。10ℓ的水裡加入各150g的飛魚乾和日本鯷魚乾、100g的竹筴魚乾，以及黑羅3等的高級羅臼昆布。

豬梅花叉燒肉

先在豬梅花肉上撒鹽和胡椒，再用先前熬煮魚乾湯的羅臼昆布捲起來，同樣真空包裝處理。使用蒸焗爐的蒸氣模式，設定64℃加熱10小時。肉的表面有烤色後就完成了。

油封般的溫潤口感

將雞胸肉、特級初榨橄欖油和香草植物等真空包裝處理，醃漬油封2天後再以低溫烹調法處理。溫潤的口感在雞白湯與魚乾湯中具有錦上添花的效果。

充滿蔬菜甜味與魚貝風味！

善用壓力深鍋在短時間內完成雞白湯。熬煮過程中釋放壓力，加入蔬菜和魚乾後繼續熬煮。添加鯖節、日本鰻魚乾、飛魚乾的雞白湯變得更加清爽，搭配魚乾湯一起使用時，更具相輔相成的效果。

添加青森產大蒜的胡椒油

這是擺在桌上供客人隨時取用的調味料，可用來改變白湯味道。以橄欖油和沙拉油熬煮青森產的大蒜和黑胡椒。只要一點點，就能改變白湯的濃郁度和香味。

雞叉燒肉

────【 材料 】────

雞胸肉、特級初榨橄欖油、迷迭香、羅勒、奧勒岡、鹽、胡椒

1 將特級初榨橄欖油、香草植物、鹽、胡椒和雞胸肉真空包裝處理，醃漬油封2天。

2 使用蒸焗爐的蒸氣模式，設定61℃加熱6小時，出爐後立即沖水冷卻，並放入冷藏室。

雞白湯

────【 材料 】────

雞架骨、雞腳、豬背骨、背脂、高麗菜、馬鈴薯、大蒜、生薑、鯖節、日本鰻魚乾、飛魚乾

1 先用壓力鍋烹煮雞架骨、雞腳、豬背骨和背脂，20分鐘後釋放壓力，加入蔬菜和魚乾等，再次施壓加熱20分鐘左右。煮好後過濾。

2 過濾後立即連同鍋子放在冷水中冷卻，並且放入冷藏室中保存。

| 3 | 蕈菇類會出水，要一直拌炒至水分蒸發。 |

| 5 | 同樣拌炒至水分蒸發，然後加鹽和胡椒調味。 |

魚乾、昆布和蕈菇泥，有助於增加鮮味！

不同鮮味成分的組合，有時可以產生相輔相成的效果，進而讓鮮味變得更強烈。基於這個原理，店裡特製魚乾＝肌苷酸、昆布＝麩胺酸和蕈菇＝鳥苷酸組合的蕈菇泥作為魚乾拉麵的配料。曾經使用乾香菇製作蕈菇泥，但香菇氣味太過強烈，後來便改用牛肝菌和蘑菇。併用冷凍牛肝菌和乾牛肝菌，可以讓風味更具層次與深度。

| 蕈菇泥 |

【 材料 】

橄欖油、大蒜、洋蔥、冷凍牛肝菌、乾牛肝菌、棕色蘑菇、鴻禧菇、鹽、胡椒

| 1 | 加熱橄欖油，爆香大蒜。接著放入洋蔥拌炒。 |

| 6 | 稍微放涼後，以調理機絞碎，並且放入冷藏室中保存。 |

| 4 | 乾牛肝菌事先泡水約15分鐘備用，之後連同牛肝菌水一起倒入油裡拌炒。 |

| 2 | 冷凍牛肝菌切塊，蘑菇和鴻禧菇切末，同樣放入油裡拌炒。 |

煮干しらぁめん 燕黒

■地址：長野県松本市倭 2659-1
■電話：0263-78-2915
■營業時間：11 時 30 分～ 15 時、17 時～ 22 時 LO.
■公休日：星期四、第一個星期三

■ 燕黑拉麵 695日圓（不含稅）

覆蓋一層濃厚豬背脂的燕三条系拉麵。從「拉麵中帶有雜味和鹼味，美味才會深植人心」所獲得的靈感，因此刻意不清除魚乾內臟，在持續沸騰的過程中萃取魚乾的鮮味和雜味。相反的，熬煮動物系湯頭基底時，則務必將浮渣撈除乾淨，保持清澈的味道，如此一來才能讓魚乾風味與鮮味格外明顯。湯頭很清爽，可以透過添加背脂來調整濃郁度。客人可以自由選擇大脂（2倍背脂）或鬼脂（5倍背脂）。

■ 極品濃郁魚乾拉麵 **787日圓（不含稅）**

活用「燕黑拉麵」湯頭的青森風魚乾拉麵。不經長時間熬煮，而是一口氣將湯頭與魚乾攪拌在一起以突顯魚乾強烈的味道。另外也利用豬油和乳化處理，讓拉麵更加順口。味道雖然較具衝擊性，但希望打造出任何人都能接受的美味。麵體是較為脆口的細直麵（22號麵刀）。特製的日本鯷魚乾泥溶在湯裡後，味道變得更強烈。

燕黑拉麵的湯頭

【 材料 】

豬前腿肉、背骨、豬五花肉（叉燒肉用）、洋蔥、馬鈴薯、生薑、日本鯷魚乾、脂眼鯡魚乾、日高昆布

1 豬前腿骨和背骨放入A的深鍋裡，加入熱水後以大火加熱，內外火全開。因為湯頭不能一直處於大滾狀態，為了讓骨髓容易溶入湯裡，先將豬前腿骨縱向切半後再放進鍋裡煮。

2 出現浮渣後，無論是黑色還是白色，都要撈除乾淨。想要襯托出魚乾風味，熬煮動物系高湯時，務必用心去除雜味。

3 沸騰後放入叉燒肉用的豬五花肉，連同骨頭一起熬煮3小時。放入冷凍肉品時會使溫度下降，所以火侯暫時維持在大火。再次沸騰時，湯表面同樣會出現浮渣，務必撈除乾淨。

燕三条系的背脂魚乾拉麵和青森系的魚乾拉麵

招牌「燕黑拉麵」是燕三条系的背脂魚乾拉麵。食材中有魚乾，所以當天製作的湯頭會在當天使用完畢，不會留至隔天。燕三条系拉麵店容易受到原物料上漲的影響，所以店裡努力降低損失，並將原物料費控制在31%左右。另外，充分活用前置作業中所使用的食材，推出青森風魚乾拉麵「極品濃郁魚乾拉麵」，有助於增加營收。

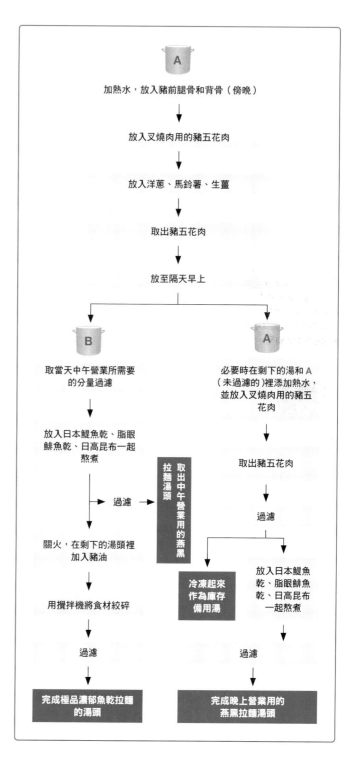

9 從⑦熬煮2小時後，過濾 **B** 的豬骨湯，取出中午營業所需要的分量（如要熬煮「極品濃郁」湯頭，則使用剩下的湯和魚乾熬煮）。營業中以小火保溫湯頭，顧客點餐後再倒入碗裡。

10 從⑧熬煮3個小時後，從 **A** 的豬骨湯中撈出叉燒肉用的豬五花肉。過濾湯頭後，取出晚上營業所需要的分量。深鍋裡剩下的 **A** 豬骨湯，於稍微放涼後放進冷凍庫裡保存，作為公休日後的庫存備用湯。晚上營業時，從步驟⑦開始重複操作一遍。

7 以內外火全開的大火加熱 **B** 的豬骨湯頭，加入2種魚乾和日高昆布。沸騰後關掉外火，內火調為中火。在沸騰狀態下繼續熬煮2小時。

8 裝有約莫一半的豬骨湯和骨頭的 **A**，視情況添加熱水，並以內外火全開的大火加熱。依湯頭狀況來決定是否添加熱水。湯頭煮沸後，將叉燒肉用的豬五花肉放進湯裡。再次沸騰後關掉外火，以內火全開的火力繼續熬煮3小時。

4 撈除浮渣後，加入切開的洋蔥、切片馬鈴薯和生薑。再次沸騰後關掉外火，僅內火全開。熬煮過程中，頻繁撈除浮渣。

5 從③的狀態經過3小時後，撈出叉燒肉用的豬五花肉。取出豬肉後，繼續在內火全開狀態下熬煮1小時。關火後靜置一晚，不要蓋上鍋蓋。

6 內外火全開狀態下加熱放置一晚的 **A** 豬骨湯頭。用錐形篩過濾當天中午要使用的分量（如要熬煮「極品濃郁」的湯頭，則要多取用一些），並移至 **B** 的深鍋裡。

混合3種不同粗細的麵體

以均勻比例使用10號、14號、18號麵刀（3.00mm、2.14mm、1.67mm麵寬）切條。加水率35～37％，因具有咬勁，也非常適合作為沾麵的麵體，但細麵容易結塊，不建議將煮熟的麵體經冷水沖洗後又重新放入熱水中加熱。

混合麵體

【 材料 】

低筋麵粉（日本國內產小麥麵粉）、高筋麵粉（外國產小麥麵粉）、粉狀鹼水、水、鹽、梔子花粉

1 算好低筋麵粉和高筋麵粉的比例，倒入混合機中輕輕攪拌後備用。

2 在事先用水溶解並冷卻備用的粉狀鹼水中，加入鹽和梔子花粉拌勻。

3 攪拌後用錐形篩過濾湯頭。攪拌時難免出現鹼味，所以過濾時千萬不要用力擠壓食材。

4 過濾好的湯頭置於冷藏室裡保存。持續加熱易導致湯頭變質，所以客人點餐後再用單手鍋取所需要的分量加熱。

極品濃郁魚乾拉麵的湯頭

【 材料 】

添加魚乾的B豬骨湯、豬油

1 在準備「燕黑拉麵」B豬骨湯的步驟⑨中，取出中午營業所需要的分量後，關火並將液體狀的豬油倒入B的深鍋裡。

2 將內有魚乾的B豬骨湯倒入攪拌機中，攪拌至食材變細碎。但注意攪拌過度容易會有鹼味。攪拌至銀色鱗片掉下來就差不多了。

6 為了避免麵帶沾黏，撒上手粉後再壓延1次。

3 將②倒入製麵機中，混合拌勻3分鐘。3分鐘後打開蓋子，刮下沾黏在內壁的麵團，繼續攪拌8分鐘。

7 完成後用塑膠袋包住麵帶，視情況醒麵15分鐘～1小時。

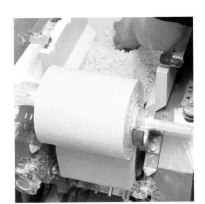

4 壓延處理成6mm厚度的粗麵帶。

9 存放在保存箱中並放入冷藏室，客人一點餐就能立刻拿出來使用。右側為混合麵條，左側為「極品濃郁魚乾拉麵」用麵條。

醬油醬汁

用於「燕黑拉麵」和「極品濃郁魚乾拉麵」的醬油醬汁。不使用高湯素材，只用濃味、淡味等3種醬油混合製成，強調醬油風味。湯裡加入背脂，口感會變得較為滑潤，因此醬汁部分大膽選用摻有雜味的醬油。製作醬油醬汁時不加水，只用粗鹽來調整鹽分。用這些醬汁來醃漬叉燒肉用的豬肉，豬肉的甜美鮮味會溶入醬汁裡。為了避免醬汁變淡，在舊醬汁裡添加新醬汁以維持醬汁風味。每次更換一半，確保醬油醬汁的品質穩定。

8 邊壓延邊用混合麵條專用的麵刀來切條。

5 進行1次複合作業。

叉燒肉	背脂	筍乾

叉燒肉

【 材料 】

豬五花肉、老滷汁（濃味、淡味等3種醬油、粗鹽、三溫糖）

1　用「燕黑拉麵」的豬骨湯熬煮豬五花肉3小時。沸騰之前內外大火全開，沸騰後關掉外火，以內火繼續熬煮。

2　從湯裡撈出豬五花肉，趁熱直接浸在拉麵用的醬油醬汁裡。

3　浸漬3小時後，撈出豬五花肉放涼。放涼後用保鮮膜包起來，並置於冷藏室一晚。上桌之前稍微用熱水溫熱一下。

背脂

【 材料 】

背脂

1　將冷凍背脂直接放入裝有熱水的壓力鍋中。用湯頭熬煮背脂的話，背脂容易吸附其他食材的味道，所以另外用熱水熬煮。便宜背脂有強烈臭味，建議使用A等級的背脂。

2　以內外火全開的大火煮至沸騰。沸騰後關掉外火，內火調為中火繼續熬煮1小時。使用麵切和湯杓壓碎背脂。壓力鍋裡的液體豬油可作為風味油使用。

筍乾

【 材料 】

鹽漬筍乾、熱水、味醂、濃味醬油

1　將醃漬一晚的鹽漬筍乾，於隔天早上用熱水沖掉多餘的鹽分。

2　在裝有熱水的壓力鍋中倒入筍乾、味醂和濃味醬油，內外火全開以大火加熱。沸騰後關掉外火，內火則調為小火繼續熬煮1小時。

3　放涼後蓋上廚房紙巾再放涼。

4　稍微放涼後，分數盒置於冷藏室裡保存，方便立即使用。盡量不添加其他調味料。

煮干しラーメンと
ローストビーフ
パリ橋 幸手店

■地址：埼玉県幸手市中 1-6-17 ■電話：070-4012-0365
■營業時間：11 時～ 15 時、18 時～ 23 時
■公休日：星期四

魚乾拉麵（青） 600日圓

店裡的魚乾拉麵分為「青」與「白」兩種，「青」是魚乾香氣比較強烈的版本，而「白」是
魚乾鮮味比較強烈的版本，各自於不同深鍋裡熬煮湯頭。店裡十分重視魚乾的新鮮度，所以
無論湯頭或魚乾油都是當天製作當天用完。另外，店裡致力於改良「青」版魚乾拉麵，讓不
太喜歡魚乾的人也能輕鬆享用。麵體為加水率高的中細蛋捲麵，煮麵時間約1分30秒，但
麵條稍微偏硬。叉燒肉部分，先用鹽巴和迷迭香醃漬豬梅花肉，再以低溫烹調法處理。

■ 魚乾拉麵（白） 600日圓 ＋ 烤牛肉丼飯（小） 300日圓

「白」版湯頭使用較多的日本鯷魚乾（白口），因此魚乾的鮮味更勝撲鼻的香氣。每天早上熬煮魚乾油作為風味油，並淋在整碗湯的表面，客人第一口就能品嚐到魚乾油的迷人風味。另外，大部分客人點餐時都會加點烤牛肉丼飯。烤牛肉丼飯使用的是美國牛肉的近腰臀部位，而「小」的分量大約是50g的牛肉。平時淋上蒜蓉奶油醬，夏季則改用蘿蔔泥水果醋膠（照片）。另外，店裡有時候會推出牛排或牛舌等特別餐點，最新消息會隨時更新在Twitter上。

魚乾油

使用沙拉油熬煮小遠東擬沙丁魚乾、日本鯷魚乾（白口）和昆布。為了避免魚乾風味流失，當天製作，當天使用完畢。在碗裡倒入足夠分量的魚乾油，好讓油脂能夠擴散至湯汁表面。

「魚乾拉麵（青）」湯頭

放入小遠東擬沙丁魚乾、日本鯷魚乾（白口）、昆布、鯖節粉一起熬煮。「青」版湯頭使用較多的小遠東擬沙丁魚乾，若前一天泡水出汁後再熬煮，味道比較不穩定，所以現在改為營業當天早上以低溫烹煮，當天製作的湯頭，當天使用完畢。營業中經常試一下味道，覺得味道不夠時就添加魚乾，確保風味品質的穩定。剛開始客人比較偏好「青」版魚乾拉麵，因此製作湯頭時，「青」版會比「白」版多一些。

醬油醬汁

為了突顯新鮮魚乾湯頭和魚乾油的鮮味，醬油醬汁裡不添加魚乾和柴魚節，只用乾香菇、蔥、大蒜調製成醬油醬汁。

「魚乾拉麵（白）」湯頭

放入小遠東擬沙丁魚乾、日本鯷魚乾（白口）和昆布一起熬煮。「白」版湯頭不加鯖節粉，但會多放一些日本鯷魚乾（白口）。和「青」版一樣都不經出汁步驟，於營業當天以小火熬煮。拍攝當天所使用的食材為千葉產的小遠東擬沙丁魚乾和廣島產的日本鯷魚乾（白口）。

Noodle Stand Tokyo

ヌードル スタンド トーキョウ

■地址：東京都渋谷区神宮前 1-21-15 ナポレ原宿 B1
■營業時間：11 時〜 16 時、18 時〜 21 時。星期六日、國定假日、節日 11 時〜 21 時
■公休日：不定期

KUROSHIO 魚乾拉麵（醬油） 870日圓

湯頭為動物系湯底和魚乾湯底以 1：2 的比例混合而成，動物系湯底使用豬前腿骨和雞骨等熬煮而成，
魚乾湯底則使用千葉產日本鯷魚乾（白口）、瀬戶內產日本鯷魚乾（白口）以及千葉產小遠東醬沙丁魚
乾等熬煮而成。另外搭配風味油、千葉產天然釀造醬油調製的醬油醬汁，最後再以千葉產的豬梅花叉
燒肉作為配料。基於店長西卷剛先生的用心「使用來自同一塊土地的食材，食材間的密合度也會比較
好」，店裡使用的食材大部分是以千葉為首的日本國產品。

■ 特製背脂KUROSHIO魚乾拉麵（鹽味） 1170日圓

使用和「KUROSHIO魚乾拉麵」相同的湯頭，但添加了背脂，味道更顯強烈濃郁。豬背脂不僅有油脂還有香氣，有助於提升拉麵整體的風味。配料包含叉燒肉、日本油菜、長蔥、青蔥、筍乾、水煮蛋、海苔、竹炭魚板。使用醬油醬汁或叉燒醬汁滷蛋，味道鹹中帶甜。

2 將水和 ① 的豬前腿骨放入壓力鍋裡。蓋上鍋蓋加熱,在施加壓力下熬煮1個小時。

3 釋放壓力,加入事先汆燙以去除臭味的雞腳、浸泡水裡半天以去除血水的雞骨,以及烤洋蔥,再次蓋上鍋蓋,施壓後熬煮1小時。

4 關火並釋放壓力,靜置2小時後再開啟鍋蓋。開蓋後以大火加熱,用木杓攪拌30分鐘~1小時。

使用壓力鍋,
短時間內萃取動物菁華

為了使魚乾湯頭更具層次,另外混合了豬前腿骨、雞骨和雞腳熬煮的濃縮湯底。因為使用大量豬前腿骨,改用壓力鍋的話,可以縮短熬煮時間。為了萃取骨髓菁華,最後要攪拌一下讓湯汁呈白濁狀。

動物系湯底

【 材料 】

豬前腿骨、雞骨、雞腳、洋蔥

1 鍋裡加水烹煮豬前腿骨,沸騰後將熱水倒掉。用流動清水洗掉豬前腿骨上的血塊。

2 隔天早上以小火加熱 ①，熬煮15～20分鐘。注意火候，不要讓水沸騰。

3 用錐形篩過濾。魚乾破碎的話會有鹼味，所以過濾時不要擠壓食材，讓湯汁自然滴落就好。

3種不同鮮味和甜味的魚乾組合

使用鮮味強烈的千葉產小遠東擬沙丁魚乾、日本鯷魚乾，以及瀨戶內產日本鯷魚乾（白口）以呈現豐富且多層次的魚乾風味。使用量會依魚乾的狀況而異，但通常3種魚乾的用量都差不多。

魚乾湯底

【 材料 】

小遠東擬沙丁魚乾、日本鯷魚乾（白口）、日本鯷魚乾、π水

1 將小遠東擬沙丁魚乾、日本鯷魚乾（白口）、日本鯷魚乾放入深鍋裡，加入 π 水，差不多快淹過食材的水量就好，浸泡一晚出汁備用。

2 在壓力鍋裡放入1和老滷汁（醬油、日本酒、味醂、砂糖、生薑、大蒜）、綠色蔥段，蓋上鍋蓋後施加壓力，熬煮40分鐘左右。

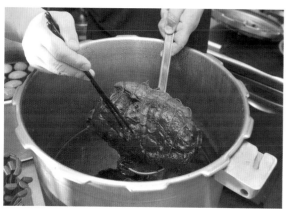

3 關火並釋放壓力，靜置一晚。完成濕潤又柔軟的豬五花叉燒肉。

用壓力鍋煮脂肪較少的豬梅花肉

使用醬油老滷汁熬煮瘦肉和油脂平均分布的千葉產豬梅花肉。使用壓力鍋熬煮，能使肉質更柔軟，避免豬肉碎裂成肉末，另外也可以避免久煮所產生的醬油苦味。

豬梅花叉燒肉

【 材料 】

豬梅花肉、醬油醬汁、綠色蔥段

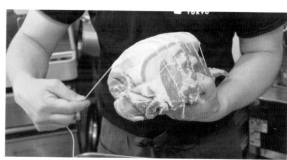

1 為了避免豬五花肉碎裂成肉末，先用線牢牢綁住。

風味油

米糠油裡加入大蒜、生薑、洋蔥製作而成的風味油。使用米糠製作的米糠油具有高營養價值，適合追求養生健康的客人。另外也為了重口味的客人，準備壓力鍋熬煮的背脂。

麵條

使用東京淺草「淺草開花樓」製麵廠生產的中粗麵條。加水率偏高，麵條不易延展，具十足的咬感和咬勁。1人份的麵體約150g，建議煮麵時間為2分～2分30秒，麵條雖然偏硬，但吃起來比較有咬感。

醬油醬汁

使用「TAMASA醬油」製作而成。「TAMASA醬油」是位於千葉・富津的宮醬油店生產的醬油，放在木桶裡熟成一年的天然釀造醬油。在充滿濃郁香氣且鮮味強烈的醬油裡添加味醂、日本酒、砂糖、宗田節和鯖節，以小火在不沸騰狀態下慢慢熬煮。

鹽味醬汁

混合日本國產海鹽、法國產天然鹽之花、秋田鹽汁（鱈魚魚露）3種不同的鹽味，再以昆布和乾香菇的出汁高湯補足鮮味成分。

低醣麵條

為了健康愛好者、女性客人、國外客人而特地委託「淺草開化樓」製麵廠研發生產低醣麵條。相較於一般麵條，低醣麵條少了35%的糖分，口感滑順且因為添加麩質而充滿香氣，煮麵時間約3分30秒。客人只要多加100日圓，就能變更成低醣麵條。

煮干麺 月と鼈

■地址：東京都港区新橋 3-14-6 駒場ビル 1F
■電話：03-3433-8103
■營業時間：11 時 30 分～16 時、18 時～22 時。星期六日、國定假日、節日 11 時 45 分～
16 時、18 時～22 時
■公休日：星期日

■ 濃厚魚乾拉麵 880日圓

雖然名為「濃厚」魚乾拉麵，但致力於烹煮出沒有鹼味，任何人都敢吃的味道。取部分豬骨基底的魚乾湯和部分雞骨基底的魚乾湯在單手鍋裡，再加入濃厚魚乾拉麵醬汁（魚乾泥、濃味醬油和油調製而成）一起煮沸，完成濃厚魚乾拉麵專用湯頭。風味油是沙拉油熬煮魚乾所製成的魚乾油。偏細的中粗麵Q彈有勁。配料方面則包含豬梅花叉燒肉和豬五花叉燒肉、筍乾、白髮蔥絲、鴨兒芹。

■ 魚乾拉麵 800日圓

在雞骨為主的湯裡加入魚乾一起煮，然後再和醬油醬汁混合
在一起。醬油醬汁由天然釀造醬油和其他2種醬油製作而成，
無添加任何魚乾或柴魚節。以魚乾油作為風味油，將單一種
日本鯷魚乾（黑背）倒入沙拉油中慢慢熬煮而成，盡量挑選
大小約7cm的魚乾。麵體部分和濃厚魚乾拉麵相同。

魚乾拉麵用湯頭

以雞骨為主，加入雞腳、豬前腿骨
和蔬菜一起熬煮，留意不要讓湯頭
變成白濁狀，過濾後再和魚乾加在
一起，另外，為了避免魚乾的苦味
和鹹味溶入湯裡，熬煮時間不要過
長。

■ 濃厚魚乾沾麵（大碗） 880日圓

魚乾湯頭裡加入提味的海鮮高湯，然後再和數種砂糖、醬油製作的醬汁、豬骨基底的湯頭、雞骨基底的湯頭混合在一起，最後倒入濃厚魚乾沾麵用魚乾油，沾醬就大功告成了。沾醬中有筍乾、切末洋蔥、切塊叉燒肉。濃厚魚乾沾麵的魚乾油是將魚乾搗碎後熬煮而成，濃度和風味比一般魚乾油來得高。麵體部分使用中粗直麵，煮麵時間約8分鐘，正常拉麵的麵體約200g，大碗沾麵的麵體則為300g，但兩者的價錢一樣。

濃厚魚乾沾麵用的魚乾油

使用沙拉油熬煮搗碎的魚乾以提高魚乾油的濃度和風味。作為風味油使用，添加在沾醬裡。

魚乾油

作為魚乾拉麵的風味油使用。以沙拉油熬煮日本鯷魚乾（黑背），用小火慢慢熬煮7小時後過濾備用。為了避免產生魚乾的苦味，熬煮過程中特別留意火侯。

麵體

偏細的中粗直麵。加水率中等，特徵是Q彈口感。煮麵時間為1分40秒左右，稍微保留一點硬度。

「魚乾拉麵」的醬油醬汁

使用KAMEBISHI（香川）的三年熟成釀造醬油搭配其他2種醬油製作成醬油醬汁。完全不添加魚乾或柴魚節。

「濃厚魚乾拉麵」的醬油醬汁

將魚乾泥、沙拉油和濃味醬油混合在一起所製成的醬油醬汁，由於濃度較高，適用於濃厚魚乾拉麵。由於未經加熱處理，多少留有一些麴菌的味道，所以客人點餐後，使用單手鍋將湯頭和醬汁一起煮沸再倒入碗裡。

「魚乾拉麵」的湯頭

以雞骨為主，加入雞腳、豬前腿骨、洋蔥、大蒜、蔥和生薑一起熬煮。為了避免動物系食材的味道過於強烈，以小火慢慢熬煮。過濾後和魚乾加在一起，靜置一段時間後再繼續熬煮。只使用日本鯷魚乾（黑背），並盡量挑選大小約7cm的魚乾，這樣才能維持湯頭的品質。另外，為了讓不喜歡魚乾苦味的人也能輕鬆享用，熬煮時特別留意火侯以避免產生鹹味。

魚乾知識

這裡將為大家解說有關魚乾拉麵的湯頭‧醬汁中所使用魚乾種類，以及醞釀魚貝高湯風味的乾貨和柴魚節等基本知識。

資料提供 **株式会社マルサヤ**

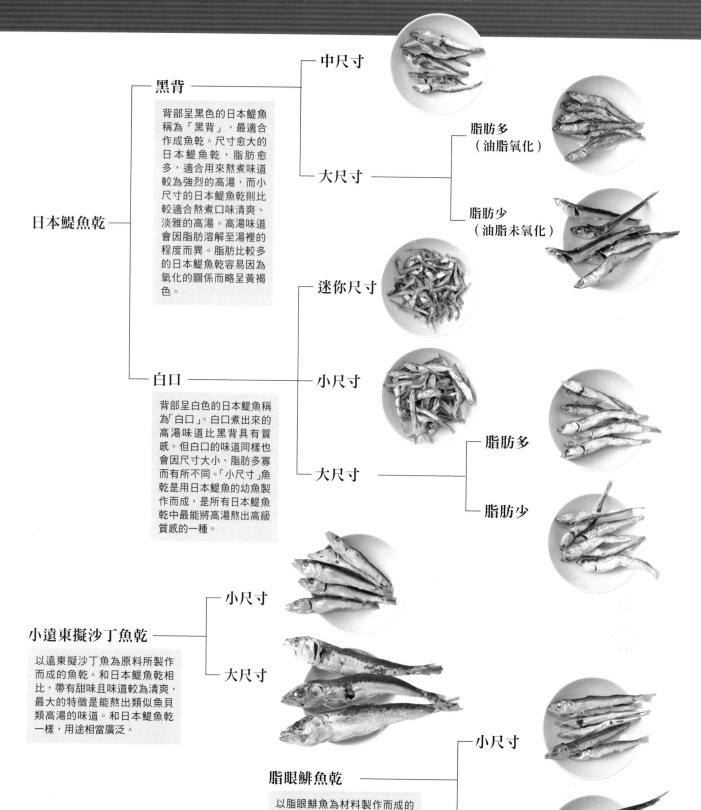

日本鯷魚乾

黑背

背部呈黑色的日本鯷魚稱為「黑背」，最適合作成魚乾。尺寸愈大的日本鯷魚乾，脂肪愈多，適合用來熬煮味道較為強烈的高湯，而小尺寸的日本鯷魚乾則比較適合熬煮口味清爽、淡雅的高湯。高湯味道會因脂肪溶解至湯裡的程度而異。脂肪比較多的日本鯷魚乾容易因為氧化的關係而略呈黃褐色。

中尺寸

大尺寸

脂肪多
（油脂氧化）

脂肪少
（油脂未氧化）

白口

背部呈白色的日本鯷魚稱為「白口」。白口煮出來的高湯味道比黑背具有質感。但白口的味道同樣也會因尺寸大小、脂肪多寡而有所不同。「小尺寸」魚乾是用日本鯷魚的幼魚製作而成，是所有日本鯷魚乾中最能將高湯熬出高級質感的一種。

迷你尺寸

小尺寸

大尺寸

脂肪多

脂肪少

小遠東擬沙丁魚乾

以遠東擬沙丁魚為原料所製而成的魚乾。和日本鯷魚乾相比，帶有甜味且味道較為清爽，最大的特徵是能熬出類似魚貝類高湯的味道。和日本鯷魚乾一樣，用途相當廣泛。

小尺寸

大尺寸

脂眼鯡魚乾

以脂眼鯡魚為材料製作而成的魚乾。味道比日本鯷魚乾清爽，可以熬出不具強烈魚乾味且有高級質感的高湯。風味強度因魚乾尺寸大小而異。

小尺寸

大尺寸

150

竹筴魚乾

主要原料為日本竹筴魚。能熬煮出具適度甜味的高湯。

鯖魚乾

原料為小型鯖魚，味道比較清淡，但長時間慢慢熬煮的話，還是能煮出濃郁的高湯。

飛魚乾

主要原料為飛魚。能熬煮出具獨特甜味的高湯。以食材來說，因為具有稀少性、高級質感等特性，除了用於日式料理外，也是拉麵用於熬湯的最佳聖品。

牡蠣乾

丸佐屋公司以牡蠣為原料所獨自開發的乾貨食材。能熬煮出充滿牡蠣風味且鮮味多樣化的高湯。另外也可以浸漬在沾麵醬汁中，讓醬汁充滿牡蠣風味。

烤日本鯷魚乾

日本鯷魚乾再經烘烤處理過的魚乾，具有撲鼻香氣與強烈魚乾味道。

烤飛魚

以飛魚為原料，經烘烤加工處理製作成「烤飛魚」。分為整隻直接烘烤和剖開後再烘烤兩種類型。

剖開烘烤

整隻烘烤

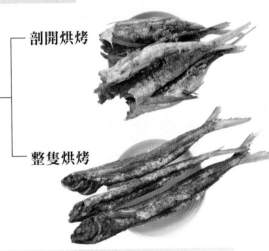

搭配魚乾一起熬煮高湯的 魚貝柴魚・乾貨・食材

脂眼鯡節

以脂眼鯡魚為原料製作成脂眼鯡節。脂眼鯡節的味道近似脂眼鯡乾，但因為經過煙燻加工處理，熬煮出來的高湯更具煙燻香氣。

秋刀魚節

以秋刀魚為原料。能熬煮出帶有些許秋刀魚味的清淡高湯。

魷魚乾（魷魚觸鬚）

魷魚觸鬚經乾燥加工處理，比起作為高湯的主角，更常被用來增加高湯的深度。

去殼蝦

先剝掉蝦子殼，煮沸後經乾燥加工處理。是熬煮蝦高湯的首選食材。

乾燥蝦

帶殼的葛氏長臂蝦直接進行乾燥加工處理，適合用來熬煮高湯或製作成風味油。

日本毛蝦

將日本毛蝦經乾燥加工處理製作成乾貨。體型偏小且因為蝦殼柔軟，多半用來作為配料。

櫻花蝦

將櫻花蝦經乾燥加工處理製作成乾貨。櫻花蝦的殼軟肉甜，吃起來有脆脆的咬感，適合作為配料或熬湯食材，國產櫻花蝦品質高級，但近年來多半使用台灣產的櫻花蝦。

帆立貝干貝

帆立貝的閉殼肌部位經乾燥加工處理製作成干貝。帆立貝具有獨特的強烈甜味與鮮味，但近年來因為產量減少，市價一直居高不下。

白碟海扇蛤干貝

白碟海扇蛤的閉殼肌部位經乾燥加工處理製作成干貝。味道比帆立貝干貝淡一些，現在多用來作為帆立貝干貝的替代食材。

菲律賓簾蛤乾

先將菲律賓簾蛤去殼，然後同鰹節一樣的處理方式，煮熟後烘乾。圖為丸佐屋公司的獨創商品，可以熬煮出具有菲律賓簾蛤濃縮鮮味且不帶腥臭味的美味高湯。

菲律賓簾蛤濃縮高湯

這同樣是丸佐屋公司的獨創商品，完全不用任何鮮味調味料，只有「原料：菲律賓簾蛤」的濃縮菁華高湯。內容物只有天然食材，直接將菲律賓簾蛤的美味濃縮並封存起來。

真鯛らぁめん
まちかど

■地址：東京都渋谷区恵比寿西 1-3-9 田中ビル 2F
■電話：090-4453-0253
■營業時間：11 時 30 分〜17 時（LO.16 時 30 分）
■公休日：星期日

■ 真鯛拉麵 950日圓

來自濃厚魚醬義大利麵的啟發。不使用任何動物系的食材，僅藉由在鯛魚湯裡加入用烤箱烤過的魚頭和沾附在鍋內微焦的魚下巴肉來襯托真鯛的多樣化美味與鮮味。麵體部分刻意不使用中華麵，而是口感相對輕盈的義大利直麵條。使用硬質小麥麵粉且不加鹼水，所以麵條極為Q彈且具有咬感。配料包含真鯛昆布漬、過水芹菜和檸檬片。

■ 真鯛沾麵 1100日圓

將湯頭繼續熬煮至水分蒸發，追求濃郁口感，因鯛魚風味變得更強烈，令人留下深刻印象。沾醬裡除了真鯛醬汁和風味油外，還添加用白酒醋醃漬的新鮮番茄和芹菜葉。麵條和拉麵麵條的成分相同，但切條得比較粗，因為具Q彈口感，非常適合作成沾麵。不過，麵條沖過冷水後會變硬，建議過水後再稍微用熱水燙一下，讓麵條恢復彈牙口感。

■ 真鯛青醬拌麵（附真鯛湯） 1100日圓

在羅勒泥中加入真鯛醬汁和真鯛風味油，然後和麵體拌在一起做成沒有湯汁的拌麵。由於麵體沒有泡在湯汁裡，必須細細咀嚼，所以和沾麵同樣的處理步驟，沖過冷水後再稍微用熱水燙一下，這樣便能盡情享受麵條外軟內硬的彈牙口感。配料包含烤杏仁片、真鯛昆布漬、油菜、蜜糖豆、水煮蛋、辣味熱橄欖油番茄。另外附上一碗加了煮麵汁和少量真鯛風味油、芹菜葉的清湯，讓客人可以稍微清除一下口腔內的味道。

■ 真鯛水餃 350日圓

除了拉麵外，店裡其他餐點也都統一使用真鯛作為主要食材。但只有真鯛的話，味道過於清淡，因此店裡的水餃內餡添加了雞絞肉。另外，將真鯛搗成魚漿的話，味道會變淡，所以刻意切成1公分塊狀以保留口感。店長師承義大利，所以水餃外形仿效義大利麵餃。水煮時間為2分鐘。特製沾醬以巴薩米可醋、醬油和真鯛風味油混合製作而成。

■ 真鯛高湯飯 100日圓

為了讓更多客人喝完美味湯頭，店裡以合理價格供應飯類餐點。炊飯時加入濃縮真鯛湯頭熬煮而成的真鯛醬汁、濃味醬油、西西里島海鹽，並於米粒上鋪放切環洋蔥。鋪放生洋蔥是為了增添蔬菜風味。基於「添加調味料等加工製品會讓味道變得人工化」，以洋蔥取代人工調味料。不少客人會將拉麵湯汁淋在飯上，因此自從推出這項餐點後，將拉麵連湯吃到見底的比率頓時飆升。

■ 真鯛方形壽司 350日圓

這是來自和歌山拉麵習俗的啟發，也就是拉麵配押壽司一起吃的習慣。使用身為義大利主廚時常用的蘋果醋、檸檬、西西里島海鹽等食材，製作出具獨創性的方形壽司。直接吃也非常美味，但建議搭配店裡自製的熱橄欖油一起吃。橄欖油裡加入大蒜、月桂葉、辣椒、帶籽橄欖熬煮成特製熱橄欖油，因為有點辣，沾一點就相當提味了。

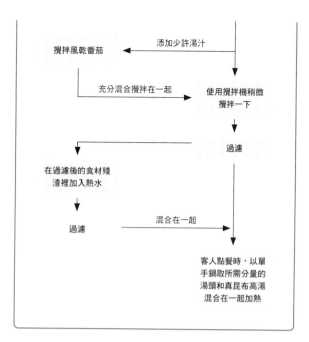

攪拌風乾番茄　←　添加少許湯汁

充分混合攪拌在一起　→　使用攪拌機稍微攪拌一下

↓

過濾

在過濾後的食材殘渣裡加入熱水

↓

過濾　——　混合在一起

客人點餐時，以單手鍋取所需分量的湯頭和真昆布高湯混合在一起加熱

真鯛湯頭

活用以魚和蔬菜、鹽等調味料烹煮魚高湯（fumet de poisson）的技法熬煮真鯛湯頭。並非單純熬煮真鯛，而是透過添加烤過的魚頭、刻意貼於鍋壁使其微焦的魚肉來打造具有深度的味道與具有層次的鮮味。

———【 材料 】———

真鯛非主要魚肉的部分、西西西里海鹽、紅蘿蔔、生薑、馬鈴薯、洋蔥、芹菜莖和根的部位、義大利麵、月桂葉、風乾番茄、真昆布

第 一 天

製 備 工 作

1　從真鯛非主要魚肉的部分，也就是從魚鰓側邊剪開，將頭和魚下巴分開。

義大利技法打造獨創的鯛魚拉麵

店長荒木宇文先生原是義大利的餐廳主廚，他活用魚義大利麵的技法，打造獨一無二的美味鯛魚拉麵。湯頭、醬汁、風味油、配料、附餐餐點，全部都以真鯛為食材。真鯛湯頭用途廣泛，還可以活用於擔擔麵、青醬等餐點上。

▶『真鯛らぁめん　まちかど』的湯頭製作流程

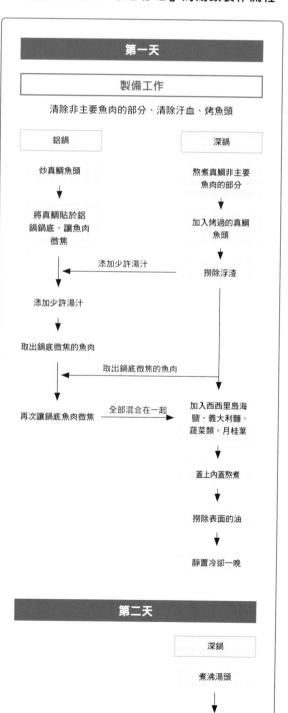

第一天

製備工作

清除非主要魚肉的部分、清除汙血、烤魚頭

| 鋁鍋 | 深鍋 |

炒真鯛魚頭　／　熬煮真鯛非主要魚肉的部分

將真鯛貼於鋁鍋鍋底，讓魚肉微焦　／　加入烤過的真鯛魚頭

添加少許湯汁　→

添加少許湯汁　／　撈除浮渣

取出鍋底微焦的魚肉　→

再次讓鍋底魚肉微焦　——全部混合在一起——　取出鍋底微焦的魚肉

加入西西里島海鹽、義大利麵、蔬菜類、月桂葉

蓋上內蓋熬煮

撈除表面的油

靜置冷卻一晚

第二天

深鍋

煮沸湯頭

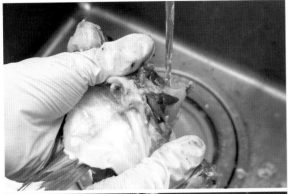

2 剪掉魚下巴部分的魚鰓。

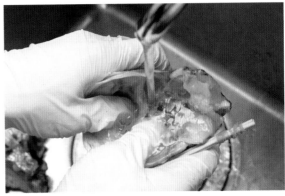

3 用流動清水洗淨魚頭部分的內臟。

4 清除下巴部分的血合,將表面洗乾淨。

5 完成製備工作後泡在水裡20〜30分鐘以清除汙血。

鋁鍋

1 鋁鍋內放入 1/4 的真鯛魚下巴和 1/4 的西西里島海鹽，以中火拌炒至表面微焦。魚下巴脂肪多，不需要額外加油。

2 表面微焦後，維持中火的火侯，蓋上鍋蓋使水分蒸發。

3 水分蒸發後打開鍋蓋，轉為大火。將鯛魚肉貼於鋁鍋內壁，拌炒至微焦且呈肉鬆狀。

6 將 1/4 的真鯛魚頭放入預熱 250℃的烤箱中，烤至表面微焦呈深褐色的程度。

7 紅蘿蔔、生薑帶皮對切成一半，馬鈴薯和洋蔥則削皮後對切成一半。配料用的芹菜，保留莖和根部作為熱湯食材。

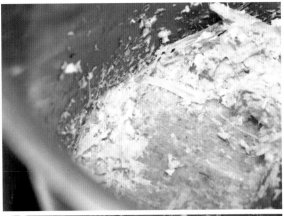

6 水分蒸發後，再次添加少量深鍋裡的④湯頭，同樣再次刮起鍋
底微焦的魚肉。

4 繼續拌炒，讓鯛魚鮮味略帶焦味。邊搗碎魚骨邊炒，風味會愈
來愈強烈。

5 加入少量深鍋裡的④湯頭，讓鍋底刮下來的微焦魚肉和湯汁混
合在一起。調至最大火，再次讓鮮味帶有焦味。

4 浮渣撈乾淨後調為中火，加入剩餘的西西里島海鹽、未煮的義大利麵、蔬菜類、月桂葉。

5 將刮起來的微焦魚肉，也就是鋁鍋的⑥（P160）全部倒入深鍋裡。

1 將剩餘的真鯛（非主要魚肉部分）和等量的水放入另外一個深鍋裡，開大火加熱。

2 水沸騰前加入烤箱烤過的真鯛魚頭（P158）。

3 沸騰後將浮渣撈除乾淨。

第二天

1 以大火加熱湯頭至沸騰。

2 在風乾番茄裡加入少量溫熱的 ① 湯頭，用攪拌機攪拌。

6 全部混合在一起後，將火侯調為中小火，蓋上內蓋熬煮5小時。

7 關火5分鐘後，撈出浮在表面的油。這些油可作為真鯛拉麵的風味油基底。另外將芹菜、生薑、大蒜、月桂葉、鷹爪辣椒加入這些油裡面熬煮成風味油。

8 將整個鍋子置於冷水中，攪拌使其冷卻。大概降至人體皮膚的溫度後，置於冰塊中冷卻，並移至冷藏室靜置一晚。

6 將煮沸的熱水倒入熬湯剩下來的食材殘渣中,並再次煮沸。

3 用攪拌機輕輕攪拌湯頭,搗碎骨頭並使其乳化。

7 再次使用錐形篩過濾⑥的湯頭,並和過濾後的⑤湯頭混合在一起。

4 將攪拌後的②倒入湯頭裡。

5 充分混合在一起之後,用錐形篩過濾,過濾時用器具搗碎食材。

真鯛的昆布漬

這是一碗不使用動物系湯頭，100%的真鯛高湯拉麵，所以配料部分捨棄豬或雞的叉燒肉，而改用真鯛的昆布漬。在義大利擔任主廚時，曾經有烹煮昆布漬生牛肉片的經驗，活用這個技巧來製作昆布漬真鯛。一般會擺上3片，但「雙倍真鯛拉麵」則會擺上6片昆布漬真鯛。搭配湯頭的半生狀態也非常美味。

─────────【 材料 】─────────

真昆布、真鯛、西西里島海鹽、細砂糖

─────────────────────────

1 將真鯛切成三片，撒上西西里島海鹽和細砂糖，靜置2個小時。

2 用瓦斯槍烤一下帶魚皮的那一面並確實擦乾水氣。

3 用真昆布包住真鯛，置於冷藏室半天。

4 切片後再用瓦斯槍烤一下帶魚皮的那一面。

8 處理好的湯頭於隔天使用。客人點餐後，用單手鍋取所需要的分量加熱使用。加熱時添加出汁一晚備用的真昆布高湯和西西里島海鹽。

真鯛醬汁

不只湯頭、風味油，就連醬汁也使用真鯛為食材製作而成，從一而終的鯛魚風味。繼續熬煮鯛魚湯頭，使其濃縮成菁華醬汁，並加入西西里島海鹽、濃味醬油和味醂調味。為了避免真鯛的味道變淡，調製醬汁時不添加其他高湯食材，而是用單手鍋加熱湯頭時，再另外添加真昆布高湯以補強拉麵特有的鮮味。

─────────【 材料 】─────────

真鯛湯頭、西西里島海鹽、濃味醬油、味醂

─────────────────────────

1 將營業用的真鯛湯頭熬煮至剩下1/3。

2 加入西西里島海鹽、濃味醬油、味醂後再次煮沸。

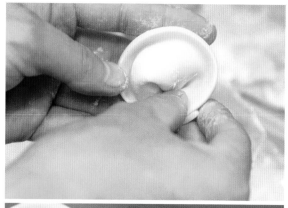

4 將兩端拉至中間交疊成半月形，以包義大利麵餃的方式包水餃。

真鯛水餃

搗成魚漿會降低真鯛的存在感，所以切成塊狀以保留口感。另外，為了增加水餃的咬感，內餡混合了一些雞絞肉。最後以真鯛醬汁和真鯛風味油調味，讓所有餐點具有一致性的味道。

───────【 材料 】───────

芹菜葉、生薑、白菜、真鯛、雞絞肉（雞胸肉）、真鯛風味油、真鯛醬汁、西西里島海鹽、顆粒黑胡椒

───────────────────────

1 將芹菜葉、生薑、熱水燙過的白菜切細碎。並將魚肉切成1cm大小的塊狀。

2 在雞絞肉裡加入①和調味料，充分攪拌均勻。

3 取餡料置於水餃皮上，對摺成一半。

2 擺上撒有西西里島海鹽和細砂糖的真鯛，從上方輕輕按壓。

真鯛方形壽司

以蘋果醋代替米醋製作醋飯，打造獨具特色的原創壽司。和「真鯛高湯飯」使用生洋蔥的理由一樣，醋飯裡添加檸檬汁也是為了避免味道過於人工化。一份餐點有2個方形壽司。

────【 材料 】────

醋飯（白飯、蘋果醋、檸檬汁、西西里島海鹽、細砂糖）、真鯛、西西里島海鹽、細砂糖、綠芽、白芝麻

1 在鋪有保鮮膜的方形壓模裡放入醋飯，蓋上蓋子壓出形狀。

3 從壓模中倒出壽司並切成長方塊，表面用瓦斯槍烤一下。最後擺上綠芽和白芝麻就可以上桌了。

麵屋 Hulu-lu

■地址：東京都豐島区池袋 2-60-7
■電話：03-3983-6455
■營業時間：星期一和星期三～六 11 時 30 分～15 時、18 時～21 時。
　星期日和國定假日、節日 11 時 30 分～15 時 30 分
■公休日：星期二

■ 鹽味SOBA 800日圓

使用濃味醬油、壺底醬油、魚貝高湯、鹽（也用於製作麵條的天外天鹽）、砂糖、味醂、日本酒製作拉麵用的醬油醬汁。風味油部分則是用沙拉油熬煮青蔥的焦蔥油。湯頭搭配柚子皮、雞絞肉（以黑胡椒和純辣椒粉調味），以提升香氣和味道的深度與層次。麵體和「鹽味SOBA」一樣，都是 20 號麵刀（1.50㎜麵寬）切條的直麵。配料除了雞絞肉外，還有豬梅花叉燒肉、筍乾、貝芽菜、辣椒絲。

■ 鹽味SOBA 午餐肉組合 1000日圓

湯頭和「醬油SOBA」一樣,但不另製作鹽味醬汁,而是直接在碗裡放入鹽(沖繩命御庭海鹽)和魚貝高湯。鹽的用量大約5.5g〜6.0g,每天依湯頭狀況調整鹽的使用量,以0.1g為基本單位或增或減。魚貝高湯方面,使用羅臼昆布、鯖節、鮪節、日本鰻魚乾等各種乾貨調製而成。而風味油則是撈取自湯頭上面的清澈雞油。配料和「醬油SOBA」一樣,但另外多了白蔥。麵體也和「醬油SOBA」一樣。

雞湯頭

自2012年開幕以來，店裡的目標一直是烹調具有高級感、清爽又有豐富深度風味的湯頭，不斷從錯誤中學習並加以改良。為了在營業時間內專心烹調餐點，一大早就開始熬煮湯頭，並於中午營業前過濾好備用。過濾後剩下的食材殘渣，則用於熬煮「番茄拉麵」用的雞白湯。

【 材料 】

日高昆布、帆立貝干貝、冬菇、帶頸雞骨（吉備雞）、全雞、豬梅花肉（叉燒肉用）、鴨絞肉、白葡萄酒、洋蔥、紅蘿蔔、白菜、芹菜、生薑、大蒜、迷迭香、黑胡椒、烤飛魚、π水

1 前一天先將昆布、冬菇、乾的帆立貝干貝泡水一晚出汁備用。

2 隔天加入清除內臟的全雞和帶頸雞骨，以中火加熱熬煮。以前使用茨城產的雞，但現在連同雞骨都改用岡山產的雞。

"不像"拉麵店的店面設計，搭配"極具深度的好滋味"，令人驚艷連連！

店名叫做「Hulu-lu」，外觀和室內裝潢都以夏威夷風為主題。雖然拉麵店給人一種像是咖啡廳或美容院般輕鬆又獨特的氛圍，但品嚐一口拉麵後，完全可以感受到傳統拉麵的美味，這種反差效果正是店長古川雄司先生所要追求的目標。以雞骨、全雞為基底，搭配鴨絞肉、香草熬煮湯頭。另外，星期五限定的沾麵、一個月一次的番茄拉麵、夏季·冬季的限定招牌餐點等等，都是店裡吸引客人上門的一大魅力。

▶『Hulu-lu』的湯頭製作流程

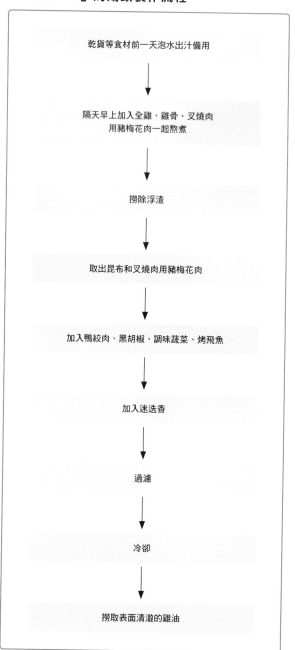

乾貨等食材前一天泡水出汁備用

↓

隔天早上加入全雞、雞骨、叉燒肉用豬梅花肉一起熬煮

↓

撈除浮渣

↓

取出昆布和叉燒肉用豬梅花肉

↓

加入鴨絞肉、黑胡椒、調味蔬菜、烤飛魚

↓

加入迷迭香

↓

過濾

↓

冷卻

↓

撈取表面清澈的雞油

6 加入鴨絞肉和黑胡椒。以前店裡使用雞絞肉,但為了使風味更具深度而改用鴨絞肉。使用各一半的鴨胸和鴨腿製作成絞肉。另外,為了讓鴨絞肉吸附深鍋裡的浮渣以熬煮出清澈湯頭,放入深鍋前先用白葡萄酒浸泡一下。

7 接著加入風味蔬菜、烤飛魚。攪拌風味蔬菜易使湯頭變混濁,所以先平放在最上面,再用大湯杓輕輕往下壓。

3 用線將叉燒肉用的豬梅花肉綁起來,然後放入湯裡。

4 熬煮40分鐘後,撈除表面浮渣,在那之前都不要攪拌深鍋裡的食材。一旦攪拌,湯頭表面的清澈雞油會變混濁。留意用中火慢慢熬煮。

5 撈除浮渣後,取出叉燒肉用的豬梅花肉和昆布。將豬梅花肉浸在叉燒肉用醬汁裡。

8 熬煮20分鐘後放入迷迭香。以前曾經使用蒔蘿,但迷迭香和雞湯風味更搭,所以現在全改用迷迭香了。

11 將雞骨、蔬菜類大致撈出來後,改用細網格篩網過濾湯頭。

9 放入風味野菜熬煮90分鐘後就可以過濾了。熬煮過程中不要攪拌,並且將浮渣撈除乾淨。

12 將過濾好的湯頭連同鍋子置於冷水中冷卻。撈出浮在表面的清澈雞油,雞油可作為「鹽味SOBA」的風味油使用。

10 過濾。為了避免湯頭混濁,先用篩網輕輕撈出全雞和雞骨。

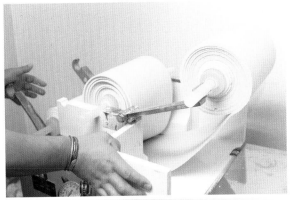

3 進行2次複合處理。麵帶不經醒麵過程,直接壓延並立即切條。

4 鹽味 SOBA 和醬油 SOBA 的麵體為 20 號麵刀(1.50mm麵寬)切條的麵條。而拌麵的麵體則為 14 號麵刀(2.14mm麵寬)切條的麵條。切條後置於冷藏室醒麵 1~2 天後再使用。鹽味 SOBA 一人份的麵體約 140g,拌麵約 180~200g。鹽味 SOBA 的煮麵時間約 60 秒,但不要仰賴計時器,要用筷子攪拌或用手指觸摸去確認麵條的軟硬度。

麵體

鹼水用量少,以「日本蕎麥麵」的概念來製作麵條。最初只使用日本國產小麥麵粉,但現在是搭配日本國產小麥麵粉、進口麵粉和日本國產全麥麵粉一起使用。加水率約32%。「鹽味SOBA」和「醬油SOBA」使用20號麵刀(1.50mm麵寬)切條的麵條,拌麵則使用14號麵刀(2.14mm麵寬)切條的麵條。麵帶不需要醒麵,但切條後的麵條則需要冷藏一晚後再使用。煮麵時不使用計時器,熱水溫度會因麵條量而有所不同,所以盡量用筷子攪拌或用手指觸摸去確認麵條的軟硬度。

———【 材料 】———

日本國產小麥麵粉、進口麵粉、日本國產全麥麵粉、鹼水溶液、全蛋、鹽(天外天)

1 將鹼水溶液、全蛋、鹽攪拌在一起,然後和小麥麵粉一起倒入混合機中。用混合機攪拌10分鐘左右。

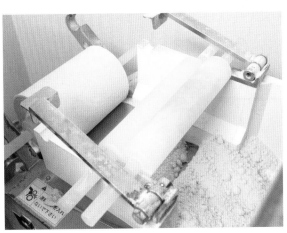

2 製作成粗麵帶。

午餐肉壽司

自開幕以來的人氣餐點。來店裡的客人之中，約半數以上會加點一份「午餐肉壽司」。切片的烤午餐肉配上白飯、昆布佃煮和青紫蘇，最後再用海苔捲起來。平時用保鮮膜包起來保存，於客人點餐後再用微波爐加熱。

――――――――【 材料 】――――――――

白飯、午餐肉、昆布佃煮、青紫蘇、海苔

1 午餐肉切片，厚度約1cm。用平底鍋煎至上色。

2 白飯上面放昆布佃煮、青紫蘇，然後擺上一片午餐肉，最後再用海苔捲起來。先以保鮮膜包起來保存，於客人點餐後再用微波爐加熱。

叉燒肉

用線綁好豬五花肉，熬煮湯頭時一起放進去。約40分鐘後，改放入叉燒肉用醬汁裡繼續熬煮。叉燒肉用醬汁使用醬油、味醂、日本酒、蜂蜜、大蒜製作而成。

――――――――【 材料 】――――――――

豬五花肉、叉燒肉用醬汁（醬油、味醂、日本酒、蜂蜜）、大蒜

1 將豬五花肉放進熬煮雞湯的深鍋裡。以中火熬煮40分鐘後取出，改放入叉燒肉用醬汁裡並蓋上鍋蓋繼續熬煮。

2 從醬汁中取出豬五花肉，並用保鮮膜包起來，置於冷藏室一晚。

鹽味拉麵的盛裝方式

1 在碗裡倒入鹽巴（沖繩命御庭海鹽）、純辣椒粉、柚子皮。

2 加入切末白蔥、調味雞絞肉和魚貝高湯。

3 倒入湯頭，放入煮好的麵條。

4 再擺上叉燒肉、調味雞絞肉、筍乾、蘿蔔芽、辣椒絲，最後淋上雞油，完成。

蔥油酥

在「醬油SOBA」的風味油中添加蔥油酥。鍋裡倒入沙拉油，接著放入切末的白蔥，熬煮過程中不斷翻攪，隨時留意不要讓白蔥燒焦。白蔥上色後就可以移至容器中。

────【 材料 】────

沙拉油、白蔥

1 沙拉油加熱，然後倒入切末白蔥。邊熬煮邊攪拌。

2 呈現微焦的顏色後，移至容器中。

冷麵職人賞！
202 道開店菜單不藏私

定價 450 元
21 x 28.5 cm　160 頁　彩色

日本職人來上菜！夏日特輯！
冰涼冷麵繁盛店熱賣菜單！獨家公開！
拌麵、湯麵、香辣麵……美味絕活全解析！

　　天氣炎熱至極，湯麵、熱食難以入口，那就試試冷麵吧～
　　將名店、繁盛店家獨門冷麵技術製法大公開，這些菜單長期受到各方顧客的熱烈支持，擁有超高集客率的特色冷麵，以不同的形式擄獲不同年齡層的胃！
　　大篇幅彩頁連眼睛都感受得到美食衝擊，詳細解說冷麵製作、醬汁搭配，更多獨門創新料理。
　　當食物以涼冷的方式上桌時，很難維持猶如熱食般的水準，對於麵食更是一大挑戰，而每間店冷麵所呈現出來的口感，會依照不同麵體擁有相當大的差異，根據每個店家的麵糰比例，深入了解不同麵團的帶來的純樸香氣以及嚼勁，再搭配各種風格迥異的特色醬汁，學習調配出恰到好處又能展露特色的美味醬汁。

你想學習最道地的日本拉麵製法嗎？
你想探究日本拉麵製麵的技術與技巧嗎？
你想知道除了叉燒之外，還有哪些配料能讓拉麵更為加分嗎？

　　本書邀請了日本在地 12 間高人氣拉麵店，來為大家詳述製作拉麵的要點以及穩定經營店家的訣竅。從湯頭、麵條到配料，網羅多家名店的食譜配方進行圖文對照解說，相信能提供想學做拉麵的讀者提供最為豐富的多元參考。

　　從開業初始的默默無聞到大排長龍的開店歷程及經營上的辛勞，以及如何費盡心力才製作出現今的招牌口味等親身經歷，能為同行或希望開店的人帶來最為有用的經營模式參考與指南。

　　而對拉麵迷而言亦更像是一種「拉麵魂」的體現，看見每一碗美味「拉麵」背後的各種堅持與努力。可以將本書視為是拉麵美食指南，參閱12家拉麵店的特色拉麵，實地前去一飽口福。

拉麵開店技術教本
名店湯頭・自製麵條・配菜

定價 450 元
21 x 25.7 cm　144 頁　彩色

瑞昇文化　http://www.rising-books.com.tw
＊書籍定價以書本封底條碼為準＊
購書優惠服務請洽　TEL：02-29453191 或 e-order@rising-books.com.tw

結合創意與進化的日本國民美食
人氣拉麵店生意興隆的背後秘密

拉麵迷看了垂涎三尺
創業開店、美食朝聖不可或缺的指導書！

　　本書收集了 18 家遍布日本各地的超人氣拉麵店資訊，詳細記載各店家熬湯頭的材料和料理過程等烹調技巧，是一本傳授成為拉麵達人的攻略秘笈。

　　如果您是位想嚐遍日本拉麵的老饕，也可以按照本書所記載的資訊找到中意的店家，除了收錄每間店的地址、價格等，也分析每道料理的特色及著重的口味。不只冬天想來點熱呼呼的拉麵，連夏天也有當季的沾醬麵可以選擇，隨時隨地都能享受喜愛的美食。

究極拉麵賞！
18 家名店調理技術

定價 500 元
20.7 x 28 cm　192 頁　彩色

仔細觀察現在備受矚目的拉麵店的話，會發現幾個關鍵詞：
●視覺特徵 ●另外盛放的魅力 ●健康亮點
●受款待的差異化 ●活用油封 ●擺盤的竅門
●添加調味料的美味秘訣

　　在拉麵店如雨後春筍般在各地展店的現今，這些店家到底如何在一片紅海中找到突破的方向？

　　本書帶領帶領大家走訪日本多間不論是料理或老闆店員等都「充滿個性」的拉麵店。

　　這些「個性」的展現，有的代表了料理人及店家的專業堅持、有的則是轉換角度，從市場及顧客的立場來規劃料理的製作方針。也就是說，拉麵店的成功法門就如同他們各自專精的方向一般，並非完全依循既定的公式化程序，而是藉由多方思考與啟發，進而開拓出專屬於自家的生意興隆之道。

人氣拉麵店的繁盛秘訣

定價 450 元
20.7 x 28 cm　128 頁　彩色

瑞昇文化　http://www.rising-books.com.tw
＊書籍定價以書本封底條碼為準＊
購書優惠服務請洽　TEL：02-29453191 或 e-order@rising-books.com.tw

TITLE

獨門絕學　招牌拉麵技術教本

STAFF

出版	瑞昇文化事業股份有限公司
編著	旭屋出版編輯部
譯者	龔亭芬
總編輯	郭湘齡
責任編輯	蕭妤秦
文字編輯	張聿雯
美術編輯	許菩真
排版	執筆者設計工作室
製版	明宏彩色照相製版有限公司
印刷	龍岡數位文化股份有限公司
法律顧問	立勤國際法律事務所　黃沛聲律師
戶名	瑞昇文化事業股份有限公司
劃撥帳號	19598343
地址	新北市中和區景平路464巷2弄1-4號
電話	(02)2945-3191
傳真	(02)2945-3190
網址	www.rising-books.com.tw
Mail	deepblue@rising-books.com.tw
初版日期	2021年4月
定價	480元

ORIGINAL JAPANESE EDITION STAFF

撮影	後藤弘行　曽我浩一郎（社内）／ 徳山善行　野辺竜馬　間宮博　和田博
デザイン	株式会社ライラック（吉田進一）
取材・編集	井上久尚／虻川実花　松井さおり

國家圖書館出版品預行編目資料

獨門絕學 招牌拉麵技術教本/旭屋出
版編輯部編著；龔亭芬譯. -- 初版. --
新北市：瑞昇文化事業股份有限公司,
2021.04
176面；20.7 x 28公分
ISBN 978-986-401-480-4(平裝)
1.麵食食譜 2.日本

427.38　　　　　　　110002644